MANUEL

POUR L'ANALYSE

DES

SUBSTANCES ORGANIQUES,

PAR J. LIEBIG,

PROFESSEUR DE CHIMIE A L'UNIVERSITÉ DE GIESSEN ;

Traduit de l'allemand

PAR A.-J.-L. JOURDAN ;

SUIVI DE

L'EXAMEN CRITIQUE DES PROCÉDÉS ET DES RÉSULTATS

DE

L'ANALYSE DES CORPS ORGANISÉS,

PAR

F.-V. RASPAIL.

AVEC DEUX PLANCHES GRAVÉES.

A PARIS,

CHEZ J.-B. BAILLIÈRE,

LIBRAIRE DE L'ACADÉMIE ROYALE DE MÉDECINE,

RUE DE L'ÉCOLE DE MÉDECINE, N° 17 ;

A LONDRES, MÊME MAISON, 219, REGENT STREET.

1838.

MANUEL

POUR L'ANALYSE

DES

SUBSTANCES ORGANIQUES.

LIBRAIRIE DE J.-B. BAILLIÈRE.

NOUVEAU SYSTÈME DE CHIMIE ORGANIQUE, fondé sur de nouvelles méthodes d'observation ; précédé d'un Traité complet sur l'art d'observer et de manipuler en grand et en petit, dans le laboratoire et sur le porte-objet du microscope, par F.-V. Raspail ; *deuxième édition, entièrement refondue*, accompagnée d'un atlas in-4°, de 20 planches de figures, dessinées d'après nature et gravées avec le plus grand soin. Paris, 1838, 3 vol. in-8°, et atlas in-4.   **30 fr.**

NOUVEAU SYSTÈME DE PHYSIOLOGIE VÉGÉTALE ET DE BOTANIQUE, fondé sur les méthodes d'observation développées dans le nouveau système de chimie organique, par F.-V. Raspail; accompagné de 60 planches, contenant près de 1000 figures d'analyse, dessinées d'après nature et gravées avec le plus grand soin. Paris, 1837. 2 forts vol. in-8°, et atlas de 60 planches.   **30 fr.**

— Le même ouvrage, planches coloriées.   **50 fr.**

TRAITÉ PRATIQUE D'ANALYSE CHIMIQUE, suivi de tables, servant, dans les analyses, à calculer la quantité d'une substance d'après celle qui a été trouvée d'une autre substance; par Henri Rose, professeur de chimie à l'Université de Berlin, traduit de l'allemand sur la seconde édition, par A.-J.-L. Jourdan. Paris, 1832, 2 forts vol. in-8°, fig.   **16 fr.**

DES EAUX MINÉRALES ARTIFICIELLES et de leur mode de préparation, par M. Soubeiran, pharmacien en chef de la pharmacie centrale des hôpitaux, Paris, 1836, in-8.   **1 fr. 50 c.**

DICTIONNAIRE DE L'INDUSTRIE MANUFACTURIÈRE, COMMERCIALE ET AGRICOLE, ouvrage accompagné d'un grand nombre de figures intercalées dans le texte, par MM. Baudrimont, Blanqui, Chevallier, Colladon, Coriolis, D'Arcet, P. Désormeaux, Despretz, Ferry, H. Gaultier de Claubry, Gourlier, T. Olivier, Parent-Duchatelet, Perdonnet, Sainte-Preuve, Soulange-Bodin, A. Trebuchet, etc., Paris, 1834-1838, 10 forts vol. in-8°, fig. Prix de chaque   **8 fr.**

ÉLÉMENS DE GÉOGRAPHIE PHYSIQUE ET DE MÉTÉOROLOGIE, ou Résumé des notions acquises sur les grands phénomènes et les grandes lois de la nature, servant d'introduction à l'étude de la géologie; par H. Lecoq, professeur d'histoire naturelle à Clermond-Ferrand. Paris, 1836, 1 fort vol. in-8°, avec 4 planches gravées.   **9 fr.**

ÉLÉMENS DE GÉOLOGIE ET D'HYDROGRAPHIE, ou Résumé des notions acquises sur les grandes lois de la nature, faisant suite et servant de complément aux élémens de géographie physique et de météorologie, par H. Lecoq. Paris, 1838, 2 forts volumes in-8°, avec VIII planches gravées.   **15 fr.**

PHARMACOPÉE DE LONDRES, publiée par ordre du gouvernement, en latin et en français. Paris, 1837, in-18°.   **4 fr.**

PRINCIPES ÉLÉMENTAIRES DE PHARMACEUTIQUE, ou Exposition du système des connaissances relatives à l'art du pharmacien; par P.-A. Cap, pharmacien, membre de la société de pharmacie de Paris. Paris, 1837, in-8.   **6 fr. 50 c.**

Paris. — Imprimerie de COSSON, rue Saint-Germain-des-Prés, 9.

MANUEL

POUR L'ANALYSE

DES

SUBSTANCES ORGANIQUES,

Par J. LIEBIG,

PROFESSEUR DE CHIMIE A L'UNIVERSITÉ DE GIESSEN ;

Traduit de l'allemand

PAR A.-J.-L. JOURDAN ;

SUIVI DE

L'EXAMEN CRITIQUE DES PROCÉDÉS ET DES RÉSULTATS

DE

L'ANALYSE DES CORPS ORGANISÉS,

PAR

F.-V. RASPAIL.

AVEC DEUX PLANCHES GRAVÉES.

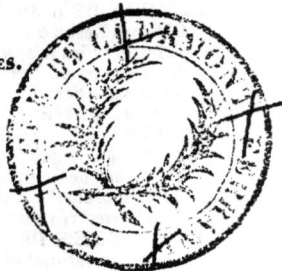

A PARIS,

CHEZ J.-B. BAILLIÈRE,

LIBRAIRE DE L'ACADÉMIE ROYALE DE MÉDECINE,

RUE DE L'ÉCOLE DE MÉDECINE, N° 17 ;

A LONDRES, MÊME MAISON, 219, REGENT STREET.

—

1838.

TABLE DES MATIÈRES.

AVERTISSEMENT.

Je suis invité à augmenter ce traité d'analyse élémentaire par l'exposition de ma manière de voir sur ce sujet. En cédant à l'invitation, je rends hommage aux principes que je n'ai cessé de professer à l'égard de la liberté illimitée de discussion, bien plus que je ne cherche l'une de ces occasions de publication, dont il n'arrive au profit du lecteur, que peu de chose de positif ou qui ne soit point une redite.

Si mes opinions chimiques s'accordaient avec celles que professe l'auteur habile de ce traité pratique, je me serais bien gardé de chercher à faire valoir son livre par l'addition de mon témoignage écrit. Depuis que l'annonce a trouvé asile dans le sein des académies et sociétés savantes, je ne sache pas de pire critique d'un livre que le soin qu'on prend de le louer. Le public d'aujourd'hui n'est plus un de ces juges qui consentent à répéter un jugement, au lieu de le prononcer, à juger enfin sous la dictée ; le pédantisme et la camaraderie ont fait leur temps, et perdent leur papier et leurs peines avec lui.

D'un autre côté, si ce livre n'était qu'une erreur d'un homme instruit, j'aurais montré la même répugnance à en faire la critique. C'est un triste rôle que celui du zoïle, qui, s'attachant comme un vampire à la pensée d'un auteur, la poursuit à chaque page, à chaque phrase de son livre, l'épuise et la dessèche, avant même qu'elle ait pu parvenir à l'esprit du lecteur ; et qui, à force de joindre une note à un fait, un commentaire à une idée, une distinction à une conclusion, finit par noyer le texte de l'auteur et rendre illisible l'ouvrage.

Ce n'est point une erreur que je vais analyser, c'est un principe que je vais attaquer ; c'est à un système chimique que je vais m'en prendre plutôt qu'au système d'un auteur ; c'est à la théorie actuelle plutôt qu'à l'une de ses applications. Je me trouve dans une position qui me permet de réfuter un livre, tout en rendant justice au mérite qui l'a dicté. En admettant les faits qu'il renferme comme ayant été exactement observés, j'en tirerai une tout autre conséquence, et je ne les combattrai que par d'autres faits. Ce n'est donc point une critique que j'entreprends, c'est un système que j'oppose à un système, c'est une discussion de bonne foi. Et c'est afin de n'en altérer en rien le caractère, que j'ai pris le parti de publier le texte sans aucune note, sans aucun renvoi, et de placer à la suite ce que j'aurai à dire. L'auteur et le commentateur parleront ainsi chacun à leur tour, et non point tous les deux à la fois. La palme ne pourra advenir en aucune façon à celui qui criera le plus fort ou en dira davantage dans un moment donné; il n'y aura ni polémique, ni vainqueur, ni vaincu; mais seulement deux pièces au procès, dont le public sera juge en silence; et pour le prononcé du jugement, les deux pièces auront été également utiles, et les deux auront également contribué à éclairer l'opinion, cette reine du monde, qui ne règne point en *divisant*, mais en conciliant les systèmes et les intérêts contraires.

Ce sont là les observations qu'il m'importait de placer en tête du livre, en contribuant, pour ma part, à l'une de ces entreprises, dont la devise est *la fidélité au texte*, et dont l'idée seule est déjà un éloge pour l'auteur.

Paris, 8 mars 1838,

F. V. RASPAIL.

MANUEL

DE L'ANALYSE DES

SUBSTANCES ORGANIQUES.

L'analyse des substances organiques a pour but de déterminer la nature et les proportions des élémens qui constituent ces corps. C'est une des parties les plus importantes de la chimie analytique. La marche qu'on suivait jadis pour arriver à se faire une idée de la composition chimique des corps organiques, n'a pas la moindre analogie avec les méthodes qu'on emploie de nos jours. On soumettait ces corps à la distillation sèche, et, d'après les produits qu'on en obtenait, on concluait la différence qui devait exister entre eux, sous le rapport de leur composition intime.

C'est seulement depuis une trentaine d'années que cette partie de la chimie a été perfectionnée d'après des principes scientifiques; et toutes les méthodes modernes ne diffèrent les unes des autres, que par la manière dont on fait l'application de ces principes.

Il semblerait que le plus sûr moyen d'arriver

à la détermination des élémens qui entrent dans une combinaison organique, serait d'obtenir ceux-ci à part, et isolés les uns des autres. Cependant il est clair que si, au lieu des élémens isolés, on se procure ces mêmes élémens unis à d'autres et constituant des combinaisons dont la composition soit connue, leur quantité pourra ensuite être déterminée avec non moins de certitude.

La plupart des substances végétales contiennent du carbone, de l'hydrogène et de l'oxygène ; quelques unes renferment en outre de l'azote. De ces quatre corps simples, il n'en est aucun, l'azote excepté, qu'on puisse retirer, à l'état de pureté, des combinaisons organiques. Mais si l'on convertit tout le carbone en acide carbonique et tout l'hydrogène en eau, il sera facile de calculer rigoureusement la quantité de l'un et de l'autre, d'après celle de l'eau et de l'acide carbonique. Mais fût-il même praticable d'isoler et de représenter à l'état de pureté parfaite les élémens des substances organiques, la méthode d'analyse usitée aujourd'hui mériterait encore la préférence, à cause de sa plus grande exactitude.

Le moyen qu'on emploie pour acquérir une connaissance exacte de la composition d'une combinaison organique, consiste donc à convertir un poids connu de celle-ci en acide carbonique et eau ; et la perfection de l'analyse dépend uniquement de l'appareil , qui doit permettre de recueillir ces produits sans perte, et d'en évaluer le poids. L'azote des corps qui en contiennent est dégagé à l'état de pureté. Quant à l'oxygène , on le détermine toujours par une voie indirecte.

Gay-Lussac et Thenard, les premiers fondateurs de l'analyse organique, employaient le chlorate de potasse, pour opérer la combustion des corps organiques. La substance était mêlée avec ce sel, et le mélange divisé en boulettes, qu'on introduisait, par petites portions , dans un tube de verre vertical et chauffé au rouge. Les gaz qui se dégageaient pendant l'opération étaient recueillis, au moyen d'un tube latéral , dans une cloche placée sur un bain de mercure. On mesurait ensuite tout le gaz obtenu ; et, après la correction barométrique et thermométrique , on le mettait en contact avec de la potasse caustique. Une fois que l'acide carbonique se trouvait absorbé , il restait ou de l'oxygène pur, ou un mélange d'oxygène et d'azote. L'eudiomètre servait à déterminer la quantité relative de ce dernier. En connaissant le poids de la substance , celui du chlorate de potasse , la quantité d'acide carbonique produit, et celle du gaz oxygène restant , on avait toutes les données nécessaires pour calculer la composition du corps; la portion de l'oxy-

gène du chlorate de potasse qui manquait dans
le gaz, ayant dû former de l'eau avec l'hydrogène
du corps mis en expérience.

L'appareil de Gay-Lussac et Thenard n'avait
d'autre défaut que de rendre l'exactitude des résultats trop dépendante de l'habileté de l'expéri-
mentateur.

L'analyse des corps azotés par le chlorate de
potasse était peu susceptible d'exactitude, à cause
de la formation d'acide hypo-azotique ; et il était
impossible de recourir à cet appareil pour analyser
soit un corps liquide, soit un corps volatil.

En faisant usage d'un tube à combustion hori-
zontal, et recueillant l'eau produite, Berzelius
tenta avec succès de rendre cette méthode plus
commode pour la pratique et de la débarrasser des
nombreux calculs qu'elle exige. Il employait le
chlorate de potasse mêlé avec une grande quantité de chlorure de sodium, ce qui ralentissait
la combustion, et procurait en outre l'avantage de pouvoir introduire à la fois, dans le tube,
la totalité du corps qu'on se proposait d'analyser.

Ces appareils n'étaient applicables qu'à une
certaine série de corps peu nombreux. La substi-
tution du bi-oxyde de cuivre au chlorate de potasse, que Gay-Lussac proposa le premier, et à
laquelle il eut recours pour brûler l'acide urique,

a fait subir une grande et importante améliora-
tion à l'analyse. Jusqu'à ce jour, la supériorité du
bi-oxyde de cuivre sur le chlorate de potasse est si
bien établie, que l'emploi de ce dernier sel est
complétement tombé en désuétude.

On se sert aussi du chromate de plomb pour brûler certaines substances très-riches en carbone.

Saussure et Prout ont décrit tous deux, pour
l'analyse des corps organiques, des appareils qui
ne diffèrent de celui dont Gay-Lussac et Thenard
s'étaient servi dans le principe, que parce qu'ils
ont une autre forme, et que le gaz oxygène et le
bi-oxyde de cuivre y sont substitués au chlorate de
potasse.

L'appareil de Prout est disposé de telle manière, que la substance dont on veut faire l'analyse y brûle, seule ou mêlée, dans un volume déterminé d'oxygène, et qu'après la combustion, on
compare le volume du gaz avec celui qu'il avait
avant l'expérience. Il repose sur le fait connu
que, quand on brûle du carbone dans du gaz oxygène, l'acide carbonique produit occupe exactement l'espace qui était rempli par le gaz oxygène
consumé, de sorte que le volume ne change pas,
mais que, quand de l'hydrogène se combine avec
de l'oxygène, à chaque volume d'hydrogène, il
disparaît un demi-volume d'oxygène, par la condensation de l'eau formée.

Par conséquent, si le corps à brûler est composé de carbone, d'hydrogène et d'oxygène, il ne peut se présenter que trois cas ; ou le volume de l'oxigène est le même après la combustion qu'avant, et alors le corps brûlé contenait de l'oxygène et de l'hydrogène dans les proportions requises pour produire de l'eau ; ou bien le volume de l'oxygène diminue, ou enfin il augmente. Dans ces deux derniers cas, ou la substance contenait *plus* d'hydrogène, et par suite moins d'oxygène, qu'il n'en aurait fallu pour former de l'eau, ou elle contenait *moins* d'hydrogène, et par conséquent plus d'oxygène, que la production de cette dernière n'en eût exigé. La quantité dont le volume primitif du gaz oxygène avait diminué ou augmenté pouvait être mesurée d'une manière exacte, et, en connaissant le volume de l'acide carbonique produit, il était facile d'exprimer en chiffres la composition de la substance.

Mais cet appareil n'était point applicable aux substances azotées, non plus qu'à l'analyse d'une multitude d'autres corps.

Brunner en a proposé dernièrement un autre, qui est construit d'après un principe analogue.

Tous ces appareils n'ont été mis en usage que par leurs inventeurs seulement, et comme ils n'ont aucun avantage sur celui qui est généra-

lement usité, ce serait une chose superflue que de
les décrire ici d'une manière détaillée.

Procédé généralement adopté.

Je vais faire connaître les appareils et procédés
que la majorité des chimistes emploient, dans le
moment actuel, pour exécuter l'analyse organique.
C'est ici le lieu de placer quelques réflexions gé-
nérales sur les opérations que cette analyse ré-
clame.

On remarquera que tous ces appareils sont fort
simples, et qu'ils ne supposent pas une habileté
extraordinaire chez le manipulateur. Les principales conditions à remplir, pour faire une bonne
analyse, sont d'apporter la plus sévère exactitude
dans la pesée des appareils, et de procéder avec
un soin scrupuleux à l'exécution de tous les travaux préparatoires. Qu'on ne se flatte point
d'arriver à un résultat exact, si l'on néglige aucune
des précautions qui peuvent en garantir le succès;
l'omission d'une seule, fait qu'on emploie e pure
perte et son temps et sa peine.

Il est clair qu'on peut arriver au but par des
voies différentes, et que les moyens qui vont être
exposés sont susceptibles de perfectionnement;
mais toutes les modifications qui ont été propo-
sées jusqu'à ce jour prouvent seulement que

leurs auteurs ignoraient le principe le plus général de ce qu'on appelle une méthode.

Tout chimiste qui aura acquis quelque expérience dans l'analyse organique, saura modifier les appareils décrits suivant l'exigence des cas particuliers, et les approprier au but qu'il a en vue d'atteindre. Mais c'est aller trop loin que de considérer et recommander ces modifications, réclamées par des circonstances spéciales, comme autant d'améliorations apportées au procédé principal.

Il est dans la nature de l'esprit humain de tendre à la perfection; de là, les efforts pour corriger ce qui existe, et pour trouver des voies nouvelles qui mènent plus vite au but proposé. Mais, la plupart du temps, on ne commence point par mettre les moyens connus à l'essai, ou par se familiariser avec leur emploi, et c'est là une grande faute. On s'écarte tout d'abord de la route ordinaire, et quand les efforts sont couronnés de succès, la satisfaction qu'on éprouve d'être inventeur fait oublier les difficultés qu'il a fallu vaincre, et qui ne se seraient point rencontrées sur une route déjà frayée.

Dans ce qui va suivre, je m'en tiendrai aux règles posées par Berzelius, le chimiste le plus expérimenté de l'époque, probablement même de tous les siècles passés; et quand il se présentera deux procédés également bons, je donnerai au simple la préférence sur le plus compliqué.

Le premier problème qu'on ait à résoudre dans l'analyse organique, consiste à se procurer la substance qu'on veut analyser au plus haut degré possible de pureté : rien ne doit être négligé pour acquérir l'intime conviction qu'elle est exempte de tout mélange étranger.

En supposant que la substance soit pure, l'évaluation rigoureuse de son poids présente des difficultés, qui sont une source d'inexactitude dans les résultats de l'analyse, et la cause des différences qu'on remarque entre ceux de plusieurs opérations successives. Toutes les substances organiques attirent l'eau atmosphérique avec une grande avidité, et leur poids se trouve par là augmenté. Il faut donc les débarrasser de toute humidité hygroscopique, et les peser de telle manière, qu'elles puissent difficilement en absorber pendant le temps qu'elles restent sur la balance.

Quand on songe qu'une quantité d'eau de cinq à six milligrammes équivaut à une perte de dix à douze milligrammes d'acide carbonique, on sentira certainement que la détermination exacte du poids de la substance est une circonstance qui mérite la plus sérieuse attention.

On peut atteindre au but de différentes manières.

L'appareil suivant offre sous ce rapport une

garantie complète. Il consiste en une tube A
(pl. I, fig. 1.), dont la partie inférieure, qui est
la plus large, a environ un demi-pouce de diamètre ; les tubes *a* et *b* sont des tubes à baromètre, ayant l'un deux lignes de diamètre, et
l'autre trois. On introduit la substance par le tube
b, qu'on unit, au moyen d'un bouchon de liége,
avec le tube *c*, contenant du chlorure de calcium ;
quant au tube latéral *a*, on le joint de même avec
le tube *d*, fig. 2. Le tube *e* est un siphon ordinaire. Le tube *d* est d'un pouce environ plus court
que la branche extérieure *α* du siphon.

On sait qu'à la faveur de cette disposition il
se produit un écoulement parfaitement uniforme
de l'eau, et comme l'air qui remplace l'eau, à
mesure qu'elle s'écoule, passe de l'orifice du tube
d dans le flacon, on reconnaît sur-le-champ si
tous les joints sont exactement clos.

Le flacon à trois tubulures est rempli d'eau.
On voit sans peine qu'une fois le siphon amorcé,
un courant continu d'air sec enlève complétement
toute l'humidité de la substance.

La portion horizontale du tube à dessécher
est plongée dans un bain de sable, un bain marie,
un bain de chlorure de calcium, etc., suivant la
température à laquelle on se propose d'exposer
la substance. Veut-on déterminer la quantité
d'eau que contient cette dernière, on pèse l'ap-

pareil A, d'abord à vide, puis avec la substance ; on le place ensuite dans le bain, et on y fait passer de l'air jusqu'à ce qu'il ne se condense plus d'eau dans le tube *d*. En ayant soin de mettre de temps en temps l'appareil A sur la balance, on voit si son poids continue de diminuer. Dès que ce poids ne change plus, on fait tomber une petite quantité de la substance, de l'appareil A dans une longue éprouvette parfaitement sèche, fig. 3, et, au moyen d'une lampe à esprit de vin, ou en la plongeant dans un bain de sable, on soumet cette éprouvette à une température plus élevée, sans toutefois porter la chaleur au point où elle commencerait à déterminer la décomposition du corps. Si les parois de l'éprouvette ne se ternissent point par de l'eau déposée à leur surface, on est certain de la dessiccation complète de la substance. Dans le cas contraire, il faut substituer au bain marie ordinaire, une dissolution de chlorure de sodium, ou de chlorure de calcium, et continuer d'agir comme ci-dessus.

Mitscherlich emploie un appareil analogue pour dessécher les substances organiques. Son appareil ne diffère de celui qui vient d'être décrit, que parce qu'on met le tube *a*, fig. 1, en communication avec une pompe à main, par le moyen de laquelle on fait passer un courant continu d'air à travers l'appareil, jusqu'à ce que la substance

soit sèche. Il est extrêmement fatigant de tenir
la pompe en jeu pendant quatre à six heures sans
interruption , et vraisemblablement on n'aura recours à cet appareil que quand on ne pourra se
procurer un flacon à trois tubulures.

Au lieu du flacon en verre, il est plus commode encore d'employer l'appareil en fer-blanc représenté fig. 4. Cet appareil peut contenir quarante
livres d'eau environ. L'entonnoir *a* sert à remplacer l'eau qui s'est écoulée. L'ouverture du milieu
b est fermée par un bouchon de liége ; elle a
pour but de donner issue à l'air, quand on emplit le vase d'eau. On règle l'écoulement de cette
dernière au moyen du robinet.

Certaines substances retiennent l'eau avec une
opiniâtreté extrême. Pour celles-là, on les dessèche dans le vide, dont on augmente l'action
en élevant peu à peu la température. La fig. 5
représente l'appareil. A est une petite pompe à
air, B un tube plein de chlorure de calcium,
C un fort tube cylindrique qui contient la substance qu'on se propose de dessécher. On met ce
dernier tube dans un vaisseau en fer ou en cuivre,
contenant une dissolution concentrée de chlorure
de zinc, et on l'y chauffe jusqu'à une température
voisine de celle à laquelle la substance se décompose. Après avoir soutiré l'air humide , par le
moyen de la pompe , on laisse de temps en temps

rentrer de l'air dans l'appareil, en ouvrant le robinet *a*. Cet air se trouve, à chaque fois, dépouillé de toute son humidité hygroscopique en traversant le tube à chlorure de calcium, et en très-peu de temps, presque toujours en quelques minutes, on parvient avec cet appareil à enlever complétement toute l'eau hygroscopique ou combinée.

Quand la substance est sèche, il faut en peser une certaine quantité, pour la soumettre à l'analyse. Le mieux est d'employer pour cela un petit tube cylindrique et étroit, que la fig. 6, pl. I r e-présente de grandeur naturelle. On peut mettre ce tube horizontalement sur la balance, ou le placer dans un petit cône en fer-blanc, dont la base repose sur le plateau. Un support en fer-blanc, semblable à celui que représente la fig. 6, pl. II, est très-commode aussi. On en prend le poids, on y introduit une certaine quantité de la substance, et on le pèse de nouveau ; l'accrue du poids exprime celui de la substance.

On peut aussi tarer le tube avec la substance, le vider, puis le peser de nouveau avec ce qui y est demeuré adhérent ; on le remet ensuite sur le plateau, et l'on ajoute les poids nécessaires pour rétablir l'équilibre.

Il faut, en général, éviter toute pesée dans un verre de montre ou dans un vase à *large* ouver-

ture. Pendant le peu de temps que le tube reste
sur la balance avec la substance, sa forme ne
permet point à l'air de se renouveler d'une manière notable, et quelque hygroscopique même
que soit cette substance, son poids ne change pas
durant l'espace d'une demi-heure, quand on
emploie cet appareil si simple.

On a maintenant un poids déterminé de la
substance. Pour savoir combien celle-ci contient
de carbone et d'hydrogène, il faut convertir le
premier en acide carbonique, et le second en eau.
On détermine ensuite le poids des deux produits.

En général, quand la substance est sèche et
pulvérulente, on la mêle avec du bioxyde de
cuivre. Le mélange est introduit dans un tube de
verre, qu'on entoure de charbons incandescens.
Le tube à combustion est long de quinze à dix-
huit pouces, sur quatre à cinq lignes de diamètre.
L'un de ses bouts est étiré en une pointe, qu'on
recourbe de bas en haut, et qu'on ferme à la
lampe.

Pendant qu'on mêle la substance avec le
bioxyde de cuivre, l'un et l'autre attirent de
l'humidité atmosphérique. Cette eau accroîtrait
le poids de celle qui se produit par l'effet de la
combustion. Il faut donc l'éloigner avec le plus
grand soin, avant de procéder à cette dernière.

Le moyen le plus simple d'y parvenir, est d'em-

ployer l'appareil dont je viens de donner la description , pour débarrasser la substance de toute
humidité au moyen d'une haute température ,
aidée d'une diminution de la pression atmosphérique. La fig. 7, pl. I représente l'appareil. A est la
pompe à main ; B, le tube à chlorure de calcium ;
C, le tube plein du mélange qu'on se propose de
brûler. Ce dernier tube est couché dans une espèce d'auge en bois D , et entouré de sable chaud
à 120 degrés. Avant de pomper, on frappe plusieurs
fois à plat, sur une table, le tube contenant le
mélange, afin qu'il se produise un léger vide au
dessus de celui-ci ; sans la précaution de ménager
ainsi un passage à l'air, le mélange serait chassé
dans le tube à chlorure de calcium, dès qu'on
ferait agir la pompe. On fait ensuite le vide dans
le tube à combustion , et de temps en temps on y
laisse rentrer de l'air sec , en ouvrant le robinet a.
Lorsqu'après dix ou douze coups de piston , on
ne remarque plus aucune trace d'humidité dans
le point b du tube à chlorure de calcium , même
après avoir fortement refroidi ce point en l'entourant de coton sur lequel on a versé un peu
d'éther, le mélange peut être considéré comme sec.

Le mélange de la substance avec le bioxyde de
cuivre pur se fait dans un mortier en porcelaine
propre et chauffé. Plus la substance est divisée ,
mieux elle est mêlée avec l'oxyde, plus aussi sa

combustion a lieu d'une manière facile, complète et rapide.

Mitscherlich laisse le tube à combustion ouvert à la pointe, le remplit de bioxyde de cuivre dans les trois quarts de sa longueur, unit soit la pointe ouverte, soit la large ouverture, avec un tube contenant du chlorure de calcium, à l'autre extrémité duquel s'adapte un soufflet, chauffe l'oxyde jusqu'au rouge obscur, puis fait passer dessus de l'air sec, au moyen du soufflet: il soude alors la pointe, en la faisant fondre, pèse le tube à combustion contenant le bioxyde de cuivre, et y introduit la substance sèche. L'augmentation de poids indique la quantité de cette dernière. Pour la mêler avec le bioxyde de cuivre, il procède de la manière suivante: il tord un fil de cuivre en forme de tire-bourre à l'une de ses extrémités, introduit cette partie dans le tube, par un mouvement de vrille, jusqu'à la moitié de la couche d'oxyde, puis l'élève et l'abaisse alternativement, jusqu'à ce que le mélange lui paraisse être assez intime.

Ce procédé est moins commode et plus compliqué que celui dont j'ai donné la description. Il est incertain, en outre, parce qu'un poids de cent vingt à cent quarante grammes, que le tube à combustion apporte sur le plateau de la balance, ne permet pas de déterminer celui de la substance à un demi-milligramme près. On ne saurait d'ailleurs opérer un mélange intime avec un tire-bourre. Pour s'en convaincre, il suffit de mêler ensemble de l'amidon et du bioxyde de cuivre, aussi intimement que le permet cette méthode, et de comprimer ensuite le mélange dans un mortier propre, avec un pilon ; une multitude de points ronds et blancs feront reconnaître alors que l'amidon n'a pas été bien mêlé, et qu'il s'est pelotonné en petites masses, dont la partie intérieure ne pourrait que se charbonner, sans brûler.

Berzelius recommande la méthode de dessiccation décrite plus haut pour le cas où l'on n'aurait point de pompe sous la main : mais il vaut mieux alors ne pas se livrer à des travaux d'analyse organique.

L'eau produite par la combustion est recueillie dans le tube représenté fig. 8, pl. I. Ce tube est plein de chlorure de calcium fondu, réduit en petits morceaux dans la boule, en poudre grossière dans la partie allongée. Au devant des deux orifices de ce tube, en a et en b, on met un peu de coton, pour empêcher qu'il ne s'échappe de petits morceaux de chlorure. On ajuste bien le tube b au moyen d'un bouchon de liége, que l'on coupe au niveau du rebord du verre, et qu'on couvre de cire à cacheter fondue, pour empêcher la poussière de s'y attacher. Le poids du tube est connu ;

la différence en plus, après la combustion, indique combien il s'est produit d'eau.

Le tube à chlorure de calcium est mis en communication avec le tube à combustion, par le moyen
d'un bouchon de liége, comme le représente la
fig. 9, pl. I. Le bouchon a dû être percé avec
une lime fine, ou avec le perce-bouchon de Mohr,
et l'ouverture bien limée ensuite. A l'aide d'un
couteau affilé, on l'ajuste à l'orifice du tube à
combustion ; le mieux est de lui donner une forme
cylindrique, ou un peu conique, ce qui dépend
de l'ouverture du tube. Il faut éviter de le percer
avec un fer rouge, parce que cette méthode a
presque toujours pour effet d'altérer le liége, de
le fendiller, et de le faire renfler.

Quelques chimistes, à l'exemple de Berzelius,
donnent au tube contenant le chorure de calcium
la forme représentée par la fig. 10, pl. I. Ils étirent
le tube à combustion *a* en une pointe qu'ils font
pénétrer dans le tube à chlorure *b*, et ils unissent les deux tubes ensemble par le moyen d'un
tuyau en caoutchouc, qui est lié à ses deux bouts.
Après la combustion, on coupe en *c* la pointe du
tube à combustion, on enlève le tuyau de caoutchouc, sans retirer la pointe du tube à chlorure
de calcium ; on pèse celui-ci avec cette pointe, on
retire ensuite la pointe, on la fait rougir, et on
la pèse de nouveau ; après avoir déduit du premier

poids celui de la pointe, on obtient le poids du chlorure de calcium, avec l'augmentation provenant de l'eau qui s'est formée.

L'acide carbonique produit par la combustion est recueilli dans l'appareil représenté fig. 11, pl. I. On emplit cet appareil de lessive de potasse caustique, en ayant soin qu'il reste une petite bulle d'air dans chaque boule. Cet appareil consiste en un tube de verre sur la longueur duquel on a soufflé cinq boules. On le fabrique de la manière suivante. On prend un tube de verre un peu fort, large de quatre lignes et long de trois pouces, a, n° 1, fig. 12, pl. I; on y soude deux tubes à baromètre, bb, larges de deux lignes; on ferme l'orifice de l'un à la flamme de l'esprit-de-vin, ou en le bouchant avec un peu de cire à cacheter fondue; on ramollit l'un des bouts du gros tube a, et on souffle cette partie en boule; on procède de même pour le bout opposé, comme l'indique le n° 2; ensuite on chauffe fortement la partie moyenne, et on la souffle en une boule un peu plus grosse, ce qui donne au tout la forme du n° 3. Alors on soude à un tube barométrique semblable une portion longue d'un pouce, a, d'un tube de verre correspondant au tube a; on effile l'un des bouts, on coupe la pointe en d, et l'on soude l'ouverture avec le tube b (n° 5), qu'on réduit auparavant à une longueur de deux pouces. Cela fait, on souffle en boule la portion α (n° 6), puis on procède de la même manière sur l'extrémité opposée.

Il faut que l'une des boules soit un peu plus petite que l'autre. Dans tous les cas, l'une d'elles doit avoir assez de capacité pour pouvoir contenir un peu plus de liquide que la boule moyenne. On chauffe, avec la lampe à esprit-de-vin, les points ββ, tout près de la boule (n° 6), et on courbe les deux tubes latéraux sous un angle de quarante-cinq degrés (fig. 13, A, pl. I). Au dessus des boules m et n on imprime, en α, une seconde courbure à ces tubes (fig. 13, B.). Ici l'on doit observer les précautions suivantes. Il est convenable de courber le tube o, qui porte la boule m, de manière que sa portion horizontale, étant unie avec le tube à chlorure de calcium, soit placée à la gauche de l'observateur. Après avoir chauffé les tubes o et p en α (fig. 13, B), on les plie simultanément, de manière que tous deux tournent l'un autour de l'autre et se croisent. En suivant exactement la fig. 13, A et B, on ne peut manquer d'arriver à la disposition qui convient le mieux. Les bords des tubes o et p sont fondus à la lampe, afin d'en émousser la vive-arête.

Pour emplir cet appareil de lessive de potasse caustique, on unit l'un des bouts avec le tube b fig. 14, pl. I, par le moyen d'un bouchon de liége. On plonge l'ouverture de l'appareil à potasse dans un vase approprié, contenant de la lessive de potasse, et on aspire le liquide avec la bouche. Cela fait, on dessèche bien la portion intérieurement humide du tube *o*, avec du papier joseph tortillé. On pèse l'appareil nettoyé et parfaitement sec, et on l'unit avec le tube à chlorure de calcium, par le moyen d'un tuyau en caoutchouc.

L'appareil à potasse, rempli de lessive, pèse cinquante à soixante grammes. A un degré de 1,25 à 1,27, la lessive ne mousse point, et sa faculté absorbante est alors plus au maximum. La lessive de soude mousse comme de l'eau de savon, et il faut éviter de l'employer.

On taille les tuyaux en caoutchouc dans des feuilles minces de gomme élastique. On prend un petit morceau, d'un pouce et demi de long, on le roule de manière à en pouvoir former un cylindre du diamètre des tubes à baromètre; pour réunir les bords ensemble, d'un seul coup de ciseaux bien propres, on en retranche environ une demi-ligne dans le sens de la longueur, et l'on obtient ainsi deux tranches pareilles, qu'on presse l'une contre l'autre avec les ongles des deux pouces. Quand le tuyau est achevé, on l'étire fortement à plusieurs reprises. Si l'on venait à toucher du doigt les surfaces fraîchement coupées, elles ne se colleraient plus ensemble. Il

est bon d'humecter un peu le morceau de caoutchouc en dedans, afin que les parois du tuyau ne
s'agglutinent point l'une avec l'autre.

La ligature du tuyau se pratique avec du cof-
donnet de soie bien tors, dont on noue les extrémités pour empêcher qu'elles ne s'échap-
pent.

Le fourneau dans lequel on opère la combustion de la substance est représenté fig. 15, pl. I.
Il est en tôle, long de vingt-deux à vingt-quatre
pouces, sur trois de hauteur. Le fond est large de
trois pouces, et muni de fentes qui lui donnent
l'aspect d'une grille, et qui sont distantes d'un
demi-pouce l'une de l'autre. Les parois vont en
s'écartant par le haut : leur distance de *a* en *b*
peut s'élever à quatre pouces et demi. Ce fourneau repose sur une brique, *e*, fig. 18, pl. l, de telle
sorte que les deux ouvertures antérieures de la
grille restent libres, tandis que les autres sont
bouchées par la brique. Dans toute sa longueur rè-
gnent des supports D, en forte tôle, ayant la
forme C, fig. 16. Ces supports sont d'égale hauteur, et correspondent exactement à l'ouverture
ronde de la paroi antérieure A, fig. 6, pl. I, du
fourneau. Leur destination est de porter le tube à
combustion.

Si l'on a l'intention de donner un coup de feu
plus fort, par exemple, d'augmenter le tirage,

on incline un peu le fourneau de côté, et l'on glisse dessous deux briques, sur deux points de sa longueur.

Procédé spécial.

En cas de besoin, on lave le tube à combustion avec de l'eau, et on le sèche avec du papier roulé autour d'une baguette en verre. Après l'étirage et la fermeture de la pointe, on le fait chauffer fortement, et on y enfonce, jusqu'à l'extrémité fermée, un tube long et plus étroit. En aspirant l'air de ce dernier tube avec la bouche, on enlève en le retirant les dernières traces d'humidité. Le tube sec doit encore être nettoyé avec un peu de bioxyde de cuivre chaud, qu'on met à part. Afin d'avoir une mesure déterminée pour la quantité qu'on veut mêler avec la substance, on emplit le tube, dans les trois quarts de sa longueur, de bioxyde de cuivre pur, tiré immédiatement du creuset dans lequel on vient de le faire rougir, en ayant soin d'éviter de le mettre en contact avec une substance étrangère quelconque : cet oxyde est destiné à être mêlé avec la substance qu'on veut brûler.

Le mélange des matières solides doit toujours se faire dans un mortier de porcelaine profond et chaud, à fond uni, mais cependant dépoli. On frotte auparavant le mortier avec du bioxyde

de cuivre pur, qu'on met de côté. On y fait
tomber la substance pesée, et l'on nettoie bien,
avec du bioxyde de cuivre, le petit tube dans lequel elle a été pesée. On ajoute d'abord un peu de
bioxyde de cuivre, et on mêle aussi intimement
que possible, puis on ajoute tout le reste de la
quantité d'oxyde qu'on avait introduite dans le
tube à combustion.

Le mélange doit pouvoir être fait avec le moins
possible d'efforts ; en conséquence, il faut que
la substance et le bioxyde de cuivre aient été ré-
duits en poudre fine, la première avant qu'on la
pèse, l'autre avant de l'exposer une seconde fois
à une chaleur capable de le porter au rouge obscur. Lorsque le bioxyde de cuivre contient des
grains durs, le mélange ne peut être rendu intime ; fréquemment alors il arrive que le pilon re-
bondit sur ces grains, d'où il résulte que des portions
du mélange sont projetées hors du mortier. En ayant
soin, avant d'exécuter le mélange, de poser le mortier sur une feuille de papier blanc lissé, on peut aisément voir s'il se perd ou non un peu de substance.

Quand on transporte le mélange du mortier
dans le tube à combustion, on a la précaution de
commencer par introduire au fond de celui-ci
une couche de bioxyde de cuivre haute d'un demi-pouce environ. On emploie à cet effet de
l'oxyde pur qu'on a broyé dans le mortier pour

le nettoyer, et indépendamment duquel on en ajoute encore assez pour emplir le tube jusqu'à un pouce de son ouverture. La fig. 17, pl. I, indique, par des traits perpendiculaires, les différentes couches d'oxyde pur, de mélange d'oxyde ayant servi à nettoyer et d'oxyde pur.

Le bouchon de liége qui unit le tube à combustion avec le tube à chlorure de calcium doit être battu mollement avec un marteau léger, ce qui le rend extrêmement élastique. Après que le trou a été percé, et quand le bouchon lui-même est parfaitement ajusté, on l'expose à une température assez élevée, dans un creuset couvert, plongé au milieu de sable chaud, afin d'en éloigner toute humidité hygroscopique. Il doit entrer avec un peu de peine dans l'ouverture du tube à combustion, et son élasticité permet d'employer à cet effet un certain degré de force, sans que l'appareil coure le risque de se briser.

Le tube à combustion et le tube à chlorure de calcium doivent être placés dans une position ou parfaitement horizontale, ou un peu inclinée vers l'appareil à potasse, afin que l'eau qui se rassemble dans la partie étranglée du second puisse y couler d'elle-même. A cette fin, on élève la partie postérieure du fourneau un peu plus que l'antérieure. La fig. 18, pl. I représente les parties de l'appareil disposées et unies ensemble pour la combustion : *a* est le tube à combustion , *b* le tube à chlorure de calcium, *c* le petit tuyau en caoutchouc, *m* la plus grande boule de l'appareil à potasse qui est en communication avec le tube à chlorure , *e* une brique, *f* un morceau de fer glissé dessous, pour incliner le fourneau vers l'appareil à potasse.

Avant d'unir le tube à combustion avec le tube à chlorure de calcium, on frappe fortement le premier à plat, et à plusieurs reprises, sur une table unie ; il faut avoir soin qu'au dessus du bioxyde de cuivre reste un vide qui procure issue aux produits gazeux ; quand on néglige cette précaution, il arrive souvent que l'oxyde est projeté au dehors, ou que le tube s'obstrue à son extrémité postérieure. Des faits sans nombre ont prouvé qu'une telle disposition ne nuit en rien à la perfection de la combustion, quelque riches même que les substances soient en carbone.

Mitscherlich fait passer un fil de cuivre tourné en tire-bourre dans toute la longueur du mélange, et le laisse dans le tube pendant l'opération. Ce fil a pour but d'interrompre la continuité du mélange ; mais on ne doit pas s'y fier. Nous le répétons, ce n'est qu'en adoptant la méthode indiquée plus haut, qu'on a la certitude que l'analyse réussit en toutes circonstances.

La partie antérieure du tube à combustion contient du bioxyde de cuivre pur ; il faut faire rougir fortement cet oxyde, avant d'entourer de charbons la partie qui contient le mélange.

Mais il importe surtout, avant de commencer la combustion, de bien s'assurer que les joints ferment hermétiquement.

Afin de s'en convaincre, on prend le tube représenté fig. 19, pl. I, et l'on s'en sert pour aspirer avec la bouche un peu d'air de l'appareil monté. L'effet naturel de cette manœuvre est que, quand on cesse de pomper, une certaine quantité de lessive de potasse passe dans la branche de la boule *m*. Le niveau du liquide est donc d'un pouce et demi environ plus élevé dans cette branche que dans celle du côté opposé, comme l'indique clairement la fig. 11 B, pl. I, où α et β marquent le niveau de la lessive de potasse. Si ce niveau ne reste pas quelque temps sans changer, si par conséquent la lessive redescend dans la partie moyenne, fig. 11 A, c'est une preuve que de l'air pénètre dans l'appareil, à travers soit le petit tuyau en caoutchouc *c*, soit le bouchon de liége, auxquels il faut, en pareil cas, en substituer de meilleurs.

Ces précautions prises, on entoure de charbons ardens la partie antérieure du tube à combustion. Quand ce tube n'est point humide, quand il ne contient pas de nœuds, on n'a jamais à craindre qu'il éclate. Si le bioxyde de cuivre n'est pas bien sec, on voit, dès la première impression de la chaleur, se ternir plus ou moins l'extrémité antérieure vide du tube *a*, qui fait une saillie d'un pouce hors du fourneau. Dans ce cas, on peut compter que la détermination de l'eau s'élevera un peu trop haut.

Pour éviter la chute des charbons, et garantir les autres parties du tube de l'action du feu, on se sert du double écran, fig. 18, g, pl. I. Cet écran, en forte tôle, est taillé sur le modèle de l'ouverture du fourneau, et on lui donne la forme représentée fig. 20, pl. I.

On place l'écran derrière la partie antérieure du tube à combustion, qui contient du bioxide de cuivre pur. Quand cette portion du tube est devenue rouge, on le reporte d'environ un demi-pouce ou un pouce plus loin en arrière, et l'on entoure cette partie de feu. La rapidité avec laquelle s'opère le dégagement de gaz détermine de combien on doit le reculer chaque fois. Chaque fois aussi on doit mettre assez de charbons incandescens pour que le tube en soit complétement entouré, et qu'il rougisse avec promptitude. Alors même que le dégagement de gaz serait d'abord plus vif qu'on ne le désirerait, il ne faudrait point retirer les charbons qu'on aurait mis ; car il est rare que leur enlèvement ralentisse la combustion, et il peut la rendre incomplète : on doit seulement chercher à régulariser le dégagement de gaz , en chauffant des portions plus courtes du tube.

La partie antérieure du tube à combustion, qui est vide, et qui fait saillie hors du fourneau, doit être entretenue assez chaude, pendant toute la durée de l'opération, pour qu'il ne puisse pas s'y condenser la moindre quantité d'eau ; c'est le moyen d'avoir pleine et entière certitude qu'il n'y aura point d'eau perdue.

La marche de la combustion ne serait jamais plus régulière, que si l'on pouvait enlever au verre du tube à combustion toute capacité conductrice du calorique ; or, la chose est impossible. Mais on ne saurait être trop attentif à ne faire rougir chaque fois que de courtes portions du tube ; les bulles de gaz doivent se succéder sans interruption et avec rapidité. Si le nombre des supports du tube est trop peu considérable, il lui arrive quelquefois de s'affaisser dans une partie de son étendue ; mais on n'a jamais à craindre qu'il se boursouffle, la pression du liquide renfermé dans les boules, que le gaz doit vaincre, étant trop faible eu égard à la résistance qu'opposerait le verre, dans le cas même où il viendrait à se ramollir.

Mitscherlich place le tube à combustion dans un canon de fusil usé à la lime, et l'y fait entrer par le haut. Il cherche ainsi à éviter l'échauffement uniforme et la fusion de ce tube. Mais, en agissant de cette manière, on se prive

3

de tous les avantages que procure l'action régulière de la chaleur ; les substances volatiles passent
à la distillation sans se brûler, et quand on opère
sur des matières peu combustibles, on ne peut
pas élever la température au point qui donne garantie que la combustion sera complète. Mitscherlich empêche la chaleur de se propager rapidement dans le canon de fusil, en soufflant dessus
avec la bouche, ou en l'entourant de linges
mouillés. Mais l'attention est réclamée, pendant
la combustion, par des circonstances beaucoup
trop importantes pour qu'on puisse s'occuper de
maintenir le canon froid en soufflant dessus.
Quant à l'envelopper de linges mouillés, c'est un
moyen absolument vicieux, et dont il faut s'abs-
tenir.

La situation de l'appareil à potasse, pendant la
combustion, est indiquée dans la fig. 18, pl. I. On
glisse un morceau de liége *s* au dessous de *r*, de
manière à élever cette partie un peu plus que
la postérieure. On place dessous un support
mou, et de préférence une serviette. Lorsque le tube à combustion est entouré tout entier
de charbons ardens, vers la fin de l'opération,
on élève la température dans toute la longueur
du fourneau, soit de bas en haut, en livrant accès à
l'air par la grille, soit de haut en bas, en agitant
un éventail. Dès que le dégagement de gaz devient

plus faible, on enlève le morceau de liége, et on
donne à l'appareil à potasse la situation horizontale, fig. 11, A, pl. I.

A cette époque, on voit si la combustion a
complétement réussi, ou si elle a manqué. Quand
le dégagement de gaz cesse tout d'un coup, on
peut être assuré qu'elle a été complète : lorsqu'au
contraire il se prolonge, et se reproduit par in-
tervalles, on doit conclure que le mélange n'avait
point été fait avec assez de soin, et l'on peut
compter sur une perte certaine dans la détermination du carbone.

Dès qu'il ne se dégage plus de gaz, la lessive
de potasse monte dans la branche de la boule m.
La disposition de cette boule éloigne tout danger
d'un reflux du liquide dans le tube à chlorure
de calcium, et fait qu'on n'a pas besoin de se
hâter, par rapport à l'opération qui reste encore
à exécuter. En effet, lorsque cette boule est pleine
jusqu'à moitié, toute ascension ultérieure du liquide cesse, la partie inférieure de l'appareil à
potasse se trouve horizontale, comme je l'ai fait
observer, elle est à moitié vide, et il passe de l'air
de là dans la boule m (fig. 11 B, pl. I) : γ indique
la hauteur jusqu'à laquelle la lessive de potasse
peut monter. Quand elle est arrivée à ce point,
rien ne s'oppose plus à l'entrée de l'air (*voy.* la
fig. 19 pl. II).

On enlève alors les charbons qui entourent la partie postérieure du tube à combustion, ainsi que la pointe recourbée, et l'on coupe cette pointe. Le mieux est d'employer pour cela de petites cisailles (fig. 22, pl, I), avec lesquelles on pince l'extrémité de la pointe en x (fig. 9, pl. I). On pose sur la pointe ouverte un tube h, qui s'y adapte, qui a quinze à vingt pouces de long, et qui est maintenu par le support A, fig. 21, pl. I.

On unit l'ouverture de l'appareil à potasse, par un petit bouchon de liége percé à la lime, avec le tube fig. 19, pl. I ; et, à l'aide de la bouche, on aspire une certaine quantité d'air à travers cet appareil, auquel on a redonné la même position qu'il avait pendant la combustion. Tout l'acide carbonique et la vapeur d'eau qui sont restés dans l'appareil sont alors absorbés, l'un par la potasse, l'autre par le chlorure de calcium. La fig. 21, pl. I, représente le moment de l'aspiration de l'air. On saisit l'appareil à potasse en r avec la main gauche, et on soulève un peu cette partie : de la droite on tient le tube aspirateur B.

Si la combustion a été complète, on ne remarque pas la moindre saveur pendant l'aspiration de l'air : dans le cas contraire, on en éprouve une plus ou moins empyreumatique. De cette dernière circonstance on ne peut cependant pas toujours conclure que l'opération a manqué; car très-souvent deux analyses ne diffèrent pas le moins du monde l'une de l'autre, quoiqu'on ait obtenu dans l'une un gaz insipide et dans l'autre un gaz sapide.

Berzelius propose de remplacer l'aspiration avec la bouche par la jonction de l'appareil à potasse avec l'appareil fig. 1 et 2, et de déterminer le passage de l'air à travers l'appareil en faisant couler l'eau par le siphon. Cette méthode est incommode : elle donne une peine inutile, et ne remplace ni la volonté, ni la sensibilité d'un organe humain.

L'air qui passe à travers l'appareil contient de l'eau et de l'acide carbonique. L'un et l'autre s'ajoutent aux produits de la combustion, si l'on n'a pas soin de les soustraire avant que l'air ne pénètre dans le tube.

A cette fin, Berzelius, après la combustion, unit la pointe ouverte (h, fig. 21), avec un tube rempli d'hydrate sec de potasse. C'est une manœuvre praticable, mais incommode.

En effet, le tube à combustion doit être maintenu rouge pendant le passage de l'air, afin de brûler le charbon qui aurait pu se déposer sur le cuivre réduit, et, pour unir la pointe avec un tuyau en caoutchouc, il faut qu'elle ne soit plus très-chaude. L'air sec qui traverse la lessive de potasse enlève à celle-ci une certaine quantité

d'eau, qui est notée comme une perte d'acide
carbonique, et lorsqu'on fait passer l'air pendant
un quart-d'heure, comme le dit Berzelius, on ne
peut négliger de recueillir cette eau et d'en
ajouter le poids à celui de l'appareil à potasse.
Toutes ces opérations sont fatigantes, et em-
pêchent l'analyse de suivre une marche simple.
On les évite en procédant de la manière suivante :

La combustion est terminée, la pointe encore
fermée, et la lessive de potasse en train de re-
fluer : on la laisse revenir jusqu'en γ fig. 11 B, pl. I,
on incline l'appareil à potasse, de manière que
l'ouverture du tube β soit bouché par le liquide,
et on coupe la pointe du tube à combustion, ce
qui permet à l'air d'entrer. La conséquence naturelle est que la lessive tombe en m, et se met
de niveau en γ avec une certaine portion de liquide en n, de manière, par conséquent, que,
dans la boule m, il reste une certaine couche de
liquide jusqu'en α (voyez fig. 9, pl. II).

La boule entière m est pleine d'acide carbonique, que la lessive de potasse absorbe : l'acide
carbonique contenu dans le tube au chlorure de
calcium prend la place de celui qui est absorbé,
et, de cette manière, comme on le voit aisément,
tout l'acide carbonique de l'appareil entier passe
peu à peu dans la boule m, où il est absorbé,

sans qu'une seule bulle d'air traverse la lessive de potasse..

Après que l'appareil est demeuré quelques minutes en repos, l'air qu'il renferme ne contient plus d'acide carbonique. Par surcroît de précaution, on aspire de l'air, pendant quelques secondes, au moyen du tube, à travers la lessive, et l'on en pompe ainsi une quantité à peu près équivalente à la capacité du tube au chlorure de calcium et du tube à combustion.

Si, pendant la combustion d'une substance très-riche en carbone, un peu de charbon s'est déposé sur le cuivre réduit, il se brûle aux dépens de l'oxygène de l'air amené dans le tube après l'opération.

Combustion des corps liquides volatils.

L'analyse des corps liquides volatils est la plus facile et la plus simple de toutes; c'est celle qui fournit les résultats les plus exacts. Les débutans feront donc bien de s'y exercer d'abord.

Les liquides qu'il s'agit de brûler sont renfermés dans des ampoules de verre, qu'on se procure de la manière suivante. On prend un tube à baromètre *a*, long d'environ douze pouces, sur trois lignes de diamètre, et on l'effile, à la lampe, en une longue pointe *c* (pl. II, fig. 1 *a*), qui sert comme de manche pour étirer une petite portion

du tube a, avec un tube intermédiaire long et
étroit. On fond alors la pointe c en d, on ramollit la partie réservée du tube de verre A, et, en
y soufflant de l'air par B, on lui donne la forme
d'une petite boule (fig. 1 b). On coupe le tube
en β, et l'on continue ainsi, jusqu'à ce qu'on ait
la quantité d'ampoules qu'on désire. La longueur
du tube a fait que l'humidité de la bouche ne
parvient jamais jusque dans les ampoules.

Il va sans dire qu'on peut se dispenser de
souffler le point A, s'il présente assez d'ampleur.
Le col des ampoules est long d'un pouce à un pouce
et demi. Le bord tranchant de la pointe coupée
doit être fondu à la flamme de l'esprit de vin,
pour l'arrondir, sans quoi on serait exposé à
l'ébrécher en remplissant l'ampoule.

Pour emplir les ampoules, on les chauffe, et on
plonge la pointe ouverte dans le liquide. Lorsque,
par l'effet du refroidissement, une certaine quantité
de ce dernier a pénétré dans la panse, on échauffe
de nouveau l'ampoule ; la vapeur qui se produit
chasse la plus grande partie de l'air, et après le
refroissement l'ampoule s'emplit jusqu'aux trois
quarts. On ferme alors la pointe à la lampe.

En déduisant le poids des ampoules vides de
celui des mêmes ampoules pleines, on obtient le
poids du liquide.

Avant de s'occuper de la pesée du liquide, on

a fait rougir fortement le bioxyde de cuivre, et, *tandis qu'il était encore rouge*, on l'a retiré du creuset, pour en emplir le tube de verre fig. 2, pl. II. Ce tube étant plein, on le ferme avec un bouchon de liége sec, et on le laisse complétement refroidir. Il n'est point aussi commode de laisser refroidir le creuset sous une cloche avec de l'acide sulfurique concentré.

Le tube fig. 2, pl. II, est assez large pour qu'on puisse aisément y introduire le tube à combustion. On fait d'abord, comme l'indique la fig. 3, tomber un pouce ou un pouce et demi de bioxyde de cuivre parfaitement sec dans ce dernier tube, puis on y introduit, couche par couche, des ampoules de verre et de l'oxyde, de manière que celui-ci ne puisse attirer aucune humidité de l'air ; on pratique un petit trait de lime au milieu du col des ampoules (en α fig. 4, pl. II), on les saisit par la pointe, on les glisse dans le tube de combustion, on casse la pointe en α, et on laisse tomber l'ampoule avec le reste du col, dans le tube.

Deux ampoules contenant quatre à cinq cents milligrammes de liquide suffisent parfaitement. Elles sont séparées l'une de l'autre par une couche de bioxyde de cuivre longue de deux à trois pouces. Quand le tube à combustion a dix-huit pouces de long, il se trouve au dessus de la dernière ampoule une couche d'oxyde longue de onze à douze pouces. La fig. 5, pl. II, représente la disposition des petites ampoules au milieu du bioxyde de cuivre.

Mitscherlich est le seul chimiste qui ferme les ampoules de verre à la lampe avant de les introduire dans le tube à combustion; pendant le cours de l'opération, il chauffe le point où elles se trouvent placées jusqu'à ce qu'elles éclatent. La fermeture des ampoules est superflue quand on opère sur des liquides peu volatils, et impraticable lorsqu'il s'agit de liquides doués d'une grande volatilité. Dans ce dernier cas, effectivement, on ne saurait éviter qu'un dégagement rapide de vapeur n'ait lieu, surtout quand la rupture de l'ampoule dépend, non de l'expansion du liquide, mais de l'élasticité de sa vapeur. On ne peut alors empêcher qu'une portion de cette vapeur traverse le bioxyde de cuivre sans se brûler.

Les liquides dont l'ébullition ne s'opère qu'à un degré élevé et qui contiennent beaucoup de carbone, doivent être répartis dans trois petites ampoules. Du reste, on n'on prend généralement pas un poids qui excède cinq à six cents milligrammes. Les ampoules sont séparées les unes des autres par une couche d'oxyde.

Il ne faut point omettre cette précaution quand on traite des huiles essentielles ; car le bioxyde de cuivre dont les ampoules sont immédiatement entourées suffit rarement pour brûler

complétementl eur vapeur. En effet, l'oxyde se
réduit tout-à-fait, et une couche mince de charbon se dépose u elquefois à la surface du métal.
Qouique ce charbon soit converti en acide carbonique par l'air qui traverse l'appareil après la
combustion, il vaut beaucoup mieux ne point se
reposer sur cette rectification.

Lorsqu'on agit sur des liquides peu volatils,
on peut vider les petites ampoules avant la combustion.

Le tube à combustion étant plein, on le met
en communication avec la pompe à main, comme
dans la fig. 13, pl. II. La raréfaction que l'air
éprouve par le fait d'un seul coup de piston, dis-
tend la bulle d'air contenue dans chaque ampoule,
et chasse de celle-ci l'huile, qui est absorbée par le
bioxyde de cuivre dont elle se trouve entourée.

Toutes les fois qu'on opère sur des liquides très-
volatils, on place un second écran, fig. 5 b, pl. II,
sur le lieu qu'occupe la première ampoule, pour
garantir cette partie de l'action de la chaleur pendant qu'on porte au rouge la portion antérieure de
la couche de bioxyde de cuivre pur. Il est toujours bon de ne point entourer cette partie de
charbons ardens tout à coup, mais peu à peu, en
commençant par le point a.

Il faut, dès le début, mettre quelques charbons
incandescens sous la pointe c (fig. 5, pl. II) du

tube à combustion, afin que le liquide ne se condense pas dans cette pointe, d'où l'on ne pourrait
ensuite le chasser qu'à l'aide d'un feu très-fort;
dans ce cas, il bouillonne par saccades, et produit
de petites explosions, qui exposent à ce qu'une
certaine quantité de substance non brûlée soit
entraînée avec les gaz sous la forme d'un nuage
blanc visible.

Lorsque la partie antérieure du tube, celle
où se trouve le bioxyde de cuivre pur, est devenue rouge, on enlève l'écran *b*, et de temps en
temps on approche un charbon ardent du point
où est placée la première ampoule de verre. Du
reste, on procède comme il a été dit pour la
combustion en général.

Les huiles grasses se pèsent dans le petit tube
de verre fig. 6 A. Pendant la pesée, on place
ce tube dans le support, fig. 6 B, pl. II, qui
est en fer-blanc.

Après avoir mis deux pouces d'épaisseur d'o-
xyde au fond du tube à combustion, on fait glisser
dedans le petit tube plein d'huile, l'ouverture
tournée en haut. En inclinant le tube à combustion, on détermine l'écoulement de l'huile,
qu'on cherche à répandre ainsi sur ses parois,
jusqu'à la moitié de sa longueur, après quoi on
l'emplit de bioxyde de cuivre pur, comme il a
été dit plus haut.

On peut procéder exactement de la même manière à l'égard des substances molles et fusibles.

S'agit-il de matières fusibles, mais non susceptibles d'être broyées dans un mortier, comme la
cire, etc., on les introduit dans le tube à combustion propre, par morceaux entiers dont le
poids est bien connu, on bouche ce tube avec
un liége, on les y chauffe doucement jusqu'à ce
qu'elles entrent en fusion, puis on les étale sur
ses parois jusqu'aux trois quarts de sa longueur
totale, à partir de l'extrémité fermée. Après le
refroidissement, on emplit le tube de bioxyde de
cuivre.

On peut aussi peser ces sortes de corps dans
un vase ayant la forme d'un petit bateau (fig. 7,
pl. II), qu'on fabrique aisément en fendant, avec un
charbon de Gahn, un tube de verre large de trois
lignes, et le ramollissant aux deux bouts qu'on effile ensuite de bas en haut. Ces corps exigent qu'on
prenne un tube à combustion un peu plus large
et plus long que celui qui sert pour les combustions ordinaires.

Combustion des substances très-riches en carbone ou contenant du chlore.

Il existe quelques substances à l'égard desquelles
il est presque impossible de déterminer exacte-

ment le carbone, lorsqu'on se sert du bioxyde de cuivre pour en opérer la combustion. A cette catégorie appartiennent les diverses espèces de houilles, l'indigo, l'ulmine et toutes les matières analogues. En ce qui concerne les houilles, par exemple, le dégagement du gaz ne cesse point à la fin de la combustion : il se ralentit bien un peu, mais même au bout d'une heure, et, quoiqu'on ait donné un feu très-fort, la lessive de potasse ne reflue point encore.

Ce phénomène tient incontestablement à ce que la combustion se fait d'une manière inégale. A la première impression du feu, il se dégage des gaz combustibles, qui réduisent le bioxyde de cuivre autour de chaque molécule de la substance, et du charbon reste en trop grande quantité pour pouvoir être brûlé par cémentation. La perte de carbone qu'on éprouve ainsi, s'élève de trois à cinq pour cent.

Dans la combustion des substances qui contiennent du chlore, la détermination de l'hydrogène devient inexacte, parce que le chlorure de cuivre qui se produit est volatil, et qu'on ne peut, par aucun moyen, empêcher qu'il s'en dépose une certaine quantité dans le tube au chlorure de calcium.

Il faut se servir, pour ces analyses, du chromate de plomb, dont on mêle avec la substance un volume qui dépasse d'un peu plus de la moitié celui qu'on aurait employé de bioxyde de cuivre. Du reste, le procédé est absolument le même.

En opérant avec le chromate, il est nécessaire de donner un grand coup de feu à la fin de la combustion : il se dégage ainsi du gaz oxygène pur, dans lequel le reste de charbon brûle complétement. Ici l'élévation de la température rend indispensable d'entourer le tube à combustion d'une feuille de cuivre mince. La souplesse de cette feuille permet de la rouler sans peine, et, au moyen d'un fil de fer qu'on ploie, en manière d'anneau, autour du tube, sur trois points ou plus, on peut la maintenir dans la forme voulue.

On arrive également au but, mais d'une manière moins commode, en employant le bioxyde de cuivre, lorsqu'à l'extrémité fermée du tube à combustion on met un mélange d'une partie de chlorate de potasse et de huit parties d'oxyde. Quand on vient à faire rougir ce mélange, en dernier lieu, le gaz oxygène qui se dégage brûle le reste de charbon.

Lorsqu'on opère sur des matières qui contiennent du chlore, le chromate de plomb est un moyen précieux et indispensable pour en effectuer la combustion. Il se produit alors du chlo-

rure de plomb, qui n'est point volatil à la chaleur
rouge.

Précautions relatives à l'oxyde de cuivre, au chromate de plomb et au tube à combustion.

La préparation du bioxyde de cuivre et du
chromate de plomb dont on se sert pour l'analyse
organique, et le choix du tube à combustion,
nécessitent quelques précautions.

Bioxyde de cuivre.

On peut obtenir cet oxyde à l'aide du sulfate
de bioxyde de cuivre et du carbonate de soude.
Les dissolutions des deux sels étant mêlées
chaudes l'une avec l'autre, on laisse le précipité
bleuâtre en contact avec la liqueur, dans un lieu
chaud, pendant huit à quinze jours, laps de
temps au bout duquel il perd son apparence
gélatineuse, verdit, et prend un aspect grenu,
cristallin. On peut alors aisément le laver et le
dessécher. Avant de s'en servir, il faut le faire
rougir fortement, et bien s'assurer qu'il ne contient ni acide sulfurique ni soude, dont il suffirait
même de très-petites quantités pour le mettre
hors d'état d'être employé.
Le bioxyde pur ainsi obtenu est d'un brun

noir, extrêmement léger, et fortement hygroscopique. Les matières organiques qu'on mêle
avec lui brûlent avec une grande facilité ; mais
il arrive quelquefois que le mélange continue de
brûler de lui-même dans le tube, quand on en
a fait rougir une partie ; alors l'analyse est
manquée.

Il vaut mieux se servir du bioxyde de cuivre
qu'on obtient de l'azotate de cuivre. Son mode
de préparation est plus simple , il occasione
moins de frais, et l'on n'est jamais dans le doute
à l'égard de sa pureté.

Pour se le procurer, on fait rougir du
cuivre laminé, et on le plonge dans de l'eau
froide : toutes les impuretés se détachent, avec
l'oxyde qui a été produit. La feuille décapée et
lavée est dissoute ensuite dans de l'acide azotique
pur : on évapore la dissolution jusqu'à siccité ,
dans une capsule de porcelaine, et l'on fait rougir le sel sec dans un creuset de Hesse bien couvert. Pendant cette dernière opération, on remue
l'oxyde à plusieurs reprises avec une baguette de
verre chaude , afin qu'aucune portion d'azotate
n'échappe à la décomposition.

Il faut éviter les creusets en platine pour faire
rougir le sel, parce qu'ils seraient fortement atta-
qués , et que leur surface se dépolirait.

L'oyxde rougi est réduit en poudre fine dans

4

un mortier, et conservé dans un vase susceptible
d'être bouché. Il est dense, pesant et d'un noir
de charbon. Son hygroscopicité dépend de la
température à laquelle il a été exposé.

Par une chaleur rouge très-intense, l'oxyde se
resserre sur lui-même, devient très-dur, et perd
presque entièrement ses propriétés hygroscopiques. Cassé en petits morceaux, dont on a soin
de séparer la poudre fine, il est excellent pour
les analyses de liquides et de substances difficiles
à brûler, grasses, fusibles. On peut en emplir
complétement le tube sans être obligé de le
tasser ; entre ses molécules restent assez d'in-
terstices pour livrer passage aux gaz.

Pour atteindre au même but, Dumas emploie
l'oxyde qu'on obtient en calcinant de la tournure
de cuivre : il conserve la forme de cette dernière,
et remplit parfaitement l'office qu'on en at-
tend.

Le bioxyde de cuivre dont on s'est servi pour
opérer la combustion, peut redevenir apte à être
employé de nouveau, pourvu qu'on ait soin de
l'humecter avec de l'oxyde azotique pur, et de
le faire rougir ensuite. Si le métal qu'on a dissous
contient de la soudure de laiton, l'oxyde est
impropre à la détermination de l'azote, attendu
que l'azotate de zinc se décompose, imcompléte-
ment il est vrai, mais avec facilité, à la chaleur

rouge ordinaire, quand il se trouve mêlé avec une matière organique.

Lorsqu'on a brûlé des combinaisons de substances organiques avec des bases alcalines, il faut, après la combustion, faire digérer l'oxyde dans de l'acide azotique étendu et froid, puis le faire bouillir avec de l'eau et le bien laver.

Quand la combustion a été exécutée sur une combinaison de chlore, on doit redissoudre entièrement l'oxyde dans de l'acide azotique, et précipiter le chlore par l'azotate d'argent : l'oxyde d'argent en excès se réduit à la chaleur rouge, et ne nuit en rien.

Chromate de plomb.

On obtient du chromate de plomb parfaitement pur en précipitant un sel soluble de plomb par le chromate acide de potasse, et lavant avec soin le précipité. Mais, sous la forme qu'il affecte après avoir été desséché, il ne convient point pour l'analyse. On est obligé de le chauffer à une forte chaleur rouge, jusqu'à ce qu'il se ramollisse ou se fonde, après quoi on le réduit en poudre impalpable. Par l'effet de la calcination, sa belle couleur jaune fait place à une teinte de rouge brun sale, qu'il conserve après le refroidissement.

On peut employer le chromate de plomb,
avec autant d'avantage que le bioxyde de cuivre
pur, pour toutes sortes d'analyses. La combustion
s'accomplit facilement, et elle commence même
à une température peu élevée : elle est toujours
complète, car les gaz qu'on obtient sont constamment insipides.

A poids égal, le chromate de plomb ne contient point autant d'oxygène que le bioxyde de
cuivre ; mais, à volume égal, il en contient environ
la moitié de plus, sa pesanteur spécifique étant
plus que double de celle de cet oxyde.

Il est très-vraisemblable que le chromate de
plomb obtiendra la préférence sur le bioxide de
cuivre dans beaucoup de circonstances, lorsqu'il
s'agira d'une détermination exacte de l'hydrogène. Ce sel n'est nullement hygroscopique, et
la faible trace d'humidité que la matière attire
pendant la mixtion peut beaucoup plus facilement être soustraite au mélange.

Tubes à combustion.

Le choix du verre qui sert pour les tubes à
combustion mérite une attention particulière.

Le verre de Bohème, à base de potasse et exempt
de plomb, est le meilleur de tous. Les tubes qui en
sont fabriqués, n'éclatent jamais, même lorsqu'on

les entoure brusquement de charbons ardens. Ce verre est extrêmement difficile à fondre, et, après avoir été ramolli, il offre encore beaucoup de résistance.

Le verre vert à bouteilles d'Allemagne casse aisément au feu : il est difficile à fondre, mais devient très-coulant une fois qu'il a été ramolli ; la moindre pression suffit pour boursoufler les points ramollis, qui se trouent sur-le-champ.

Le verre blanc et le verre vert à bouteilles de France doivent être rejetés ; le vert peut être fondu, jusqu'au point de s'affaisser sur lui-même, dans un tube de verre de Bohème, sans que celui-ci se déforme.

Détermination du carbone, de l'hydrogène et de l'azote.

Après avoir fait connaître les précautions et les procédés qui assurent le succès d'une analyse organique, et en mettent les résultats à l'abri de toute critique, il reste encore à décrire l'appareil et le procédé qui sont employés pour déterminer le carbone d'après le volume de l'acide carbonique produit. Il faut aussi parler du degré de précision auquel on peut atteindre dans la détermination du carbone et de l'hydrogène.

Détermination du carbone.

La détermination du carbone, avec le secours de l'appareil dont j'ai donné la description, peut être entachée d'inexactitude par des erreurs provenant de plusieurs causes.

•La plus importante de ces causes d'erreur est l'imperfection de la combustion. On parvient à l'éviter, dans une seconde analyse, en allongeant le tube à combustion et augmentant la quantité du bioxyde de cuivre. L'effet de cette dernière précaution est de diviser davantage la substance, et de ralentir la combustion, ce qui est ici le point le plus essentiel.

Une seconde cause d'erreur tient, comme il a déjà été dit, à ce que l'air qui traverse la lessive de potasse, après la combustion, entraîne avec lui une certaine quantité d'eau de cet appareil, dont par là il diminue le poids. Mais on remarquera aisément que la perte d'eau qu'éprouve l'appareil à potasse est compensée en partie par l'acide carbonique de l'air atmosphérique, qu'en conséquence la diminution du poids de l'appareil varie suivant la proportion de cet acide.

On s'est procuré, à cet égard, des données suffisantes au moyen d'expériences directes. Quand le tube à combustion est couvert de charbons ar-

dens, que la pointe pl. 1, fig. 21 (sans le tube *h*)
est ouverte, et qu'elle se trouve également entourée de charbons incandescens, l'appareil à
potasse *m*, si l'on y fait passer 2000 centimètres
cubes d'air, non seulement ne diminue pas de
poids, mais même augmente d'environ 18 1/2
milligrammes.

Pour déterminer la quantité de l'eau entraînée
par le courant d'air, on a uni cet appareil avec
un autre appareil parfaitement semblable et plein
d'acide sulfurique concentré. Il est clair que
l'eau dont l'air passant à travers la lessive alcaline occasionait la vaporisation, était condensée
par l'acide sulfurique, et devenait ainsi déterminable.

Le poids de l'appareil à absorption, plein d'a-
cide sulfurique, et mis en communication avec
l'appareil à potasse en *p*, pl. 1, fig. 18, avait
augmenté d'environ 14 milligrammes. Par conséquent, la lessive de potasse avait reçu de l'air,
82 1/2 milligrammes d'acide carbonique, et abandonné 14 milligrammes d'eau. Donc, au lieu
d'éprouver une perte, on avait obtenu un excès
de carbone.

Si, après la combustion, on engageait la pointe
ouverte et entourée de charbons ardens dans un
tube fig. 21, *h*, long de douze à quinze pouces, et
que, les appareils étant disposés de la même

manière, on y fit passer 2000 centimètres cubes d'air, l'appareil d'absorption contenant de
l'acide sulfurique augmentait d'environ 13,6 milligrammes, et le poids de l'appareil à potasse
diminuait d'à peu près 5 milligrammes.

Il est clair, d'après cela, que l'erreur, dans la
détermination du carbone, qui provient de la
perte d'eau, est parfaitement compensée par
l'acide carbonique reçu de l'air.

En faisant passer 200 centimètres cubes d'a-
cide carbonique à travers l'appareil, la perte s'é-
lève à un demi-milligramme, ce qui ne fait, en
carbone, que 0,000138 gramme, à repartir sur
quatre à huit cents milligrammes de substance.

Ceux qui, vers la fin de l'opération, engagent
la pointe du tube à combustion dans un tube
contenant de l'hydrate de potasse, afin de dépouiller l'air qui passe de son acide carbonique, doivent donc, pour chaque 100 centimètres cubes
d'air qu'ils laissent fluer à travers l'appareil,
ajouter, terme moyen, 1,3 milligramme au poids
de ce dernier.

Mais, d'après les expériences qui viennent d'ê-
tre rapportées, cette correction ne vaut pas la
peine qu'on l'exécute. Il est plus sûr, en toutes
circonstances, de suivre le procédé qui a été
décrit.

Si l'acide carbonique est absorbé en quantité

très-considérable, et que les bulles se succèdent avec rapidité, la lessive de potasse s'échauffe, et la perte due à de l'eau entraînée augmente.

En pesant les appareils, on doit songer qu'il se condense moins d'eau sur la surface de l'appareil échauffé qu'il ne s'en condensait sur celle de l'appareil froid, avant la combustion. La différence est de 3 à 4 milligrammes; elle monte quelquefois jusqu'à 6 milligrammes, quand l'air contient beaucoup d'humidité.

Comparer les analyses de quelques corps à poids atomique, élevé est le meilleur moyen de se faire une juste idée du degré de perfection auquel l'appareil décrit permet d'arriver dans la détermination du carbone.

On sait, avec une certitude suffisante, que le poids atomique de l'amygdalate de baryte est de 6738,829. D'après la moyenne de trois déterminations du carbone, 100 parties de ce sel donnent 163,8, 163,5 et 163,3 pour cent d'acide carbonique. La théorie indique qu'elles en devraient fournir 163,7. La perte est donc de 0,002 en acide carbonique, ou de 0,00055 en carbone. Il n'y a point d'analyse dans laquelle on puisse arriver à un plus haut degré de précision.

C'est ici le lieu de placer quelques réflexions sur le véritable poids atomique du carbone. Les premières déterminations de ce poids par Berze-

lius lui assignent le nombre 75,33, et les dernières,
au contraire, le nombre 76,437. Je considère
celui-ci comme le véritable poids atomique, déterminé avec une admirable précision : l'expérience de chaque jour en confirme la justesse, et
les considérations suivantes feront passer la même
conviction dans l'esprit de tous les chimistes.

La moyenne de cinq analyses donne, pour 100
parties de stéarine, 76,084 de carbone : les trois
résultats les plus élevés ont donné 76,306.

D'après les produits de la décomposition de
cette substance, on sait avec exactitude qu'elle
contient 146 atomes de carbone. Donc, en éva-
luant le poids atomique du carbone à 76,437, le
calcul indique 76,21 pour cent de carbone. Si le
nombre du carbone était 75, d'après Thompson,
ou 75,33, selon la première détermination de
Berzelius, l'analyse n'aurait pas dû donner plus
de 75,85 et de 75,98 pour cent de carbone.

La différence de 0,36 pour cent en carbone
correspond, dans la formule, à un atome entier
de carbone en moins. Mais, en admettant 145 atomes de carbone, tout accord disparaît avec les
produits de la décomposition de la stéarine, c'est-
à-dire avec l'acide stéarique et la glycérine, et il
faudrait conclure de là que l'analyse de ces deux
corps ou de l'un d'eux est inexacte, supposition
qui manque de tout fondement.

Quand on brûle des corps qui contiennent du soufre, tels que des xanthates, de la sulfosinapisine, etc., le poids de carbone s'élève fréquemment trop haut. Ce phénomène tient à de l'acide sulfureux, qui se produit toujours quand on néglige de rendre aussi intime que possible le mélange du bioxyde de cuivre avec la substance, et qui est absorbé par la lessive de potasse, dont il augmente le poids. Lorsqu'on soupçonne que cette faute pourra avoir lieu, on interpose, entre le tube à chlorure de calcium et l'appareil à potasse, un tube rempli de bioxyde de plomb.

Une dissolution concentrée de chlorure de calcium dans l'eau, telle que celle qui se produit dans le tube à chlorure, n'absorbe point cet acide, particulièrement lorsqu'on laisse le tube en place jusqu'à ce que tout le liquide s'y soit solidifié, c'est-à-dire jusqu'à ce que le chlorure de calcium ait cristallisé. L'acide sulfureux qui a traversé le tube à chlorure sans être absorbé, se trouve retenu dans le tube contenant de l'oxyde de plomb.

Il ne faut pas placer ce dernier tube entre le tube à combustion et le tube à chlorure, car alors l'eau produite serait perdue.

Détermination de l'hydrogène.

La seule erreur dont la méthode décrite soit entachée eu égard à la détermination de l'hydrogène, provient de l'eau chariée par l'air, et qu'après la combustion on fait passer à travers l'appareil, dans l'intention d'en expulser l'acide carbonique.

D'innombrables expériences ont prouvé que la quantité de l'eau dont le chlorure de calcium dépouille l'air ne s'élève jamais au-delà de 5 ou 6 milligrammes pour 200 centimètres cubes d'air; ce qui fait, par conséquent, 0,55 à 0,66 milligrammes d'hydrogène. Or, cet excès se répartit sur trois à cinq cents milligrammes de substance : il est le même pour un corps qui contient beaucoup d'hydrogène et pour un autre qui en renferme peu. Si la substance brûlée est riche en hydrogène, et si son poids atomique est faible, l'erreur devient, dans la même proportion, plus petite qu'un atome en poids d'hydrogène. En pareil cas, il n'y a point d'incertitude relativement au nombre des atomes de l'hydrogène. Un exemple rendra cette assertion plus claire.

100 parties d'acétone donnent, terme moyen, 94,23 d'eau; d'après la théorie, on n'en devrait obtenir que 92,45 : l'analyse a donc donné 1,8 d'eau, ou 0,2 pour cent, d'hydrogène de trop.

Or, le poids atomique de l'acétone est de 366,750; si l'on avait brûlé cette quantité, on aurait obtenu 0,7335 d'hydrogène de trop; comme l'atome d'hydrogène pèse 6,23978, on voit que l'erreur est bien au dessous d'un atome, et qu'il faut par conséquent la négliger, d'autant plus qu'on en connaît la source, et qu'on sait dans quelles limites elle est renfermée.

Mais, pour des corps dont le poids atomique est très-fort, et qui sont riches en hydrogène, cette erreur ne saurait être négligée. Il faut alors, dans le calcul, défalquer 5 à 6 milligrammes de l'eau qu'on a obtenue, ou, si l'on ne juge pas cette méthode sûre, on doit briser la pointe du tube à combustion avant que la lessive de potasse reflue dans la boule, éloigner les charbons qui entourent cette pointe, et, après qu'elle s'est refroidie, la mettre en communication, au moyen d'un tuyau en caoutchouc, ou d'un bouchon de liége, avec un tube à chlorure de calcium, ou avec un appareil à potasse plein d'acide sulfurique.

Un exemple démontrera la nécessité de cette correction. 0,3054 gramme de stéarine, soumis à la combustion, ont donné, sans correction et sans emploi du moyen qui vient d'être indiqué pour éloigner l'eau hygroscopique, 0,343 gramme d'eau, ce qui fait 112,31 pour 100 parties. D'après la composition théorique, on n'aurait dû avoir que 109,63 d'eau. Donc on a obtenu en trop 1,68 pour cent d'eau, ou 0,185 pour cent d'hydrogène. Ce faible excès, calculé d'après le poids atomique de la stéarine, fait plus de 3 atomes d'hydrogène.

Si maintenant on commence par déduire, des 0,843 d'eau produite par la combustion, 6 milligrammes affectés à l'eau hygroscopique, il reste, pour 100 de stéarine, 110, 35 d'eau : on n'a donc plus qu'un excédant de 0,72 d'eau, ou 0,08 pour cent d'hydrogène, ce qui, en calculant d'après le poids atomique, fait moins d'un atome d'hydrogène.

Lorsqu'on procède d'après la méthode qui vient d'être décrite, on doit donc, en toute circonstance, s'attendre que l'analyse donnera un excès d'hydrogène, qui s'élève depuis 0,14 jusqu'à 0,2 pour cent. On ne peut donc considérer la détermination de l'hydrogène comme exacte que quand cet excès ne dépasse point 0,2 pour cent. On est en droit de se défier d'elle toutes les fois que l'analyse indique exactement la quantité théorique d'hydrogène, et la formule assignée à la composition est fausse, quand le résultat de l'expérience, après des analyses réitérées, reste constamment au dessous de celui du calcul.

En indiquant les résultats de l'analyse, il ne

faut pas déduire l'excès provenant de l'eau hygrométrique, puisque c'est précisément la valeur de cet excès qui fournit une donnée précieuse pour juger du degré de confiance que mérite la détermination de l'hydrogène.

Berzelius préfère le mode d'union du tube à combustion avec le tube à chlorure de calcium qui est représenté fig. 10, pl. I, à l'emploi d'un bouchon de liége sec. Sa préférence ne tient certainement qu'à ce qu'il n'a jamais essayé ce dernier moyen. Mais c'est réellement un tour de force que de faire, par son procédé, une bonne analyse, dont on peut toujours considérer l'accomplissement comme un événement heureux.

En effet, la pointe effilée est très-grêle et très-fragile : la moindre secousse imprimée à l'appareil fait qu'elle se brise, et qu'on a perdu son temps et sa peine.

Lorsque la pointe du tube à combustion ne pénètre pas profondément dans la boule du tube à chlorure de calcium, il arrive souvent qu'une goutte d'eau se loge entre les parois des deux tubes, et qu'en déliant le petit tuyau de caoutchouc, on le trouve mouillé à l'intérieur, ce qui fait naturellement qu'on ne peut plus compter sur la détermination de l'hydrogène.

La section de la pointe, l'enlèvement du tuyau en caoutchouc, sans retirer la pointe de l'inté-

rieur du tube à chlorure de calcium, le chauffage
de la pointe jusqu'au rouge, etc., sont autant
d'opérations exécutables sans doute, mais de nature telle qu'elles exposent à des accidens.

Le motif qui porte Berzelius et les partisans de
cette méthode de jonction à exiger un déploie-
ment si peu utile de peine et d'adresse, est
la prétendue propriété hygroscopique du liége,
qui, dit-on, lorsqu'il vient à s'échauffer, dépose
dans le tube à combustion l'eau qu'il a soutirée
à l'air.

Nul doute que nous ne dussions nous résoudre
à préférer ce mode de jonction à l'autre, malgré
la simplicité de ce dernier, si le reproche d'i-
nexactitude adressé à celui-ci avait le moindre
fondement. Mais des expériences spéciales, faites
avec tout le soin possible, expériences que peut
répéter quiconque tient à se procurer une pleine
et entière conviction sur ce sujet, ont prouvé
que, quand le liége a été desséché dans un creuset en platine chaud, et ajusté sur-le-champ,
avec les doigts bien secs, au tube à combustion, il n'abandonne point d'eau, par l'échauffement de ce tube, pendant qu'on fait passer très-
lentement de l'air sec à travers l'appareil entier :
car le poids du tube à chlorure de calcium ne
change pas d'un milligramme.

L'expérience de chaque jour prouve que les

déterminations d'hydrogène faites d'après la méthode de jonction employée par Berzelius ne
sont point plus exactes que les autres : on peut
même dire que, dans la plupart des cas, elles
donnent des résultats moins rigoureux.

Il est peu de substances plus hygroscopiques
que le caoutchouc : un petit tuyau en gomme
élastique, qu'on expose à l'air, après l'avoir desséché à une température de cent degrés, y augmente en peu d'instans de quinze à vingt milligrammes, et un morceau fortement tendu de
cette substance peut être employé comme le plus
sensible de tous les hygromètres, en le substi-
tuant à la baleine dans l'instrument ordinaire.

Si je me prononce contre la méthode d'union
employée par Berzelius, et j'insiste d'une manière
spéciale sur mes motifs, c'est qu'elle fait perdre à
l'analyse organique, dans la plupart des mains,
l'exactitude et la précision qu'on peut lui procurer en suivant l'autre méthode, rend la manipulation de l'appareil plus compliquée, et fait que les
travaux analytiques ne sont accessibles qu'à un
nombre proportionnellement plus petit d'expé-
rimentateurs.

La détermination de l'hydrogène devient
inexacte, lorsqu'on brûle une combinaison de
chlore, quand se sert du bioxyde de cuivre pour
opérer la combustion. Le chlorure de cuivre qui

est produit se volatilise avec l'acide carbonique
et l'eau, se dépose dans le tube à chlorure de
calcium, et en augmente le poids. Plus la combustion marche avec lenteur, et moins l'erreur est
considérable; mais on ne doit jamais la négliger
entièrement. En général, le poids du chlorure
de calcium augmente de dix à quinze milligrammes.

On peut évaluer cette erreur en dissolvant
le chlorure de calcium, précipitant le cuivre par
l'acide sulfhydrique, etc., et le déterminant.

Une précaution d'importance toute spéciale, à
l'égard des corps de cette catégorie, est de modé-
rer le courant d'air après l'achèvement de la combustion; lorsque les bulles qui traversent l'appareil à potasse se succèdent avec un peu de rapidité, on voit le chlorure de cuivre lui-même passer à travers la lessive alcaline, sous la forme
de vapeurs blanches, et l'on ressent dans la bouche la dégoûtante saveur métallique des sels de
cuivre.

On peut éviter complétement cette cause d'erreur en faisant usage du chromate de plomb.

Si l'on tient à ne pas perdre les tubes à chlorure de calcium, il faut les vider aussitôt après
s'en être servi. Sans cette précaution, la dissolution concentrée du chlorure dans l'eau qui s'est
produite pendant la combustion, cristallise, ce
qui fait éclater la boule du tube.

Détermination de l'azote.

Toutes les fois qu'il s'agit d'analyser des substances azotées, on détermine la quantité du carbone et de l'hydrogène par les moyens qui ont été indiqués précédemment, et la détermination de l'azote devient ensuite l'objet d'une expérience spéciale, dans laquelle on n'a point égard aux autres principes constituans.

On voit de suite, et sans le moindre doute, en déterminant le carbone d'une substance, si elle contient ou non de l'azote ; car, dans le premier cas, des bulles de gaz traversent continuellement l'appareil à potasse pendant toute la durée de la combustion. Lorsque, surtout vers la fin de l'opération, ces bulles sont plus grosses que des têtes d'épingles ordinaires, on est certain d'avoir affaire à une substance azotée.

Pour se convaincre plus particulièrement que la substance contient de l'azote, on en fait fondre un peu, dans une éprouvette, avec quatre à dix fois son poids d'hydrate de potasse. Traités de cette manière, les corps azotés se décomposent sans noircir, et tout leur azote se dégage à l'état d'ammoniaque, qu'en toutes circonstances on reconnaît aisément à son odeur. S'il fallait recourir au curcuma ou à d'autres réactifs pour démontrer la présence de l'azote, c'est-à-dire si l'on ne sentait pas distinctement l'impression de l'ammoniaque sur l'organe olfactif, il serait douteux que la substance contînt de l'azote.

Dans la combustion de la plupart des corps azotés, l'azote se dégage à l'état de gaz pur, mêlé avec l'acide carbonique et l'eau qui ont été produits. Il en est quelques uns pendant la combustion desquels du gaz bioxyde d'azote se produit. La formation de ce gaz rend la détermination de l'azote difficile, et la frappe même d'incertitude lorsqu'on n'emploie pas le plus grand soin pour ramener le gaz bioxyde d'azote à l'état de gaz azote.

En effet, dans toutes circonstances, le gaz azote se détermine d'après le volume. Or comme il double de volume en passant à l'état de gaz bioxyde, on est exposé par là à faire erreur dans la détermination de l'azote, et à en évaluer trop haut la quantité. On évite cette erreur en prenant un tube à combustion plus long de trois à quatre pouces que celui qui sert à la détermination du carbone, et mettant sur le bioxyde de cuivre une couche de tournure de cuivre qu'on a fait rougir à l'air jusqu'à ce qu'elle devînt noire, et dont ensuite on a réduit complétement la surface oxydée par le moyen du gaz hydrogène. On peut aussi mêler la substance qu'il s'agit de brûler avec du bioxyde de cuivre qui a déjà servi à

quelques combustions, et qui par cela même
contient une quantité considérable de cuivre à
l'état métallique.

Il est une règle à observer dans les déterminations de l'azote : *plus le mélange avec le bioxyde
de cuivre est intime et fait avec soin, plus la
combustion marche avec lenteur, et plus aussi
on est à l'abri de tout mélange de gaz bioxyde
d'azote.* Pour donner seulement une idée de la
manière dont on doit procéder, je ferai remarquer que la combustion d'une substance azotée
exige le double du temps que demande celle
d'un corps qui ne contient pas d'azote.

Les procédés qu'on doit suivre dans les déterminations de l'azote varient et sont plus ou moins
simples selon la quantité de cet élément que la
substance renferme.

Toute détermination d'azote doit être précédée
de l'analyse qualitative du mélange gazeux qui
se dégage pendant la combustion de la substance.
La connaissance du rapport qui existe entre le
volume de l'azote et celui de l'acide carbonique
suffit, dans la plupart des cas, pour calculer la
quantité de l'azote d'après cette donnée, et l'emploi d'un procédé spécial est complétement inutile en pareil cas. L'appareil dont on se sert est
extrêmement simple ; l'opération, avec tous ses
préliminaires, dure environ deux heures, et les

notions qu'elle procure, ou conduisent à faire
choix d'un autre procédé, ou rendent toute opération ultérieure inutile.

On pèse ou non la substance, ce qui est indifférent. Dans tous les cas, on la mêle avec quarante
à cinquante fois plus de bioxyde de cuivre qu'il
n'en faut pour la brûler complétement. On introduit le mélange dans un tube à combustion,
fig. 8, A. (pl. 11), dont il occupe la moitié de
la longueur : des deux quarts restans de cette
dernière, l'un est rempli de bioxyde de cuivre
depuis α jusqu'en β, et l'autre l'est de tournure
de cuivre jusqu'à l'ouverture. On unit alors ce
tube avec un tube à dégagement de gaz B, et on
le place dans le fourneau. On peut rendre ce
dernier tube mobile au moyen d'un tuyau en
caoutchouc C ; son ouverture plonge dans une
cuve à mercure, où elle est à peine couverte par
le métal.

On pose l'écran m en α, puis on porte le
cuivre métallique et le bioxyde de cuivre au rouge
vif. Les ouvertures de la grille sous l'une et l'autre
de ces substances sont dégagées, de manière que
la portion du tube qu'elles occupent se trouve
exposée à la plus forte chaleur. Si l'on n'a pas
employé du verre de Bohème pour le tube à
combustion, il faut entourer la partie antérieure
de celui-ci d'une feuille de cuivre liée avec un fil

du même métal, sans quoi, venant à se ramollir, elle se boursoufflerait par l'effet de la pression que la colonne de mercure exerce sur le gaz, et le tube se trouerait.

Dès que le bioxyde de cuivre et la tournure de cuivre sont rouges, on place le second écran *n* de manière à laisser en arrière de lui une longueur d'un pouce du tube à combustion, à partir du bout fermé ; on entoure cette partie du tube de charbons ardens. C'est donc là que la combustion de la substance commence; les gaz qui se dégagent expulsent l'air atmosphérique de l'appareil, après quoi celui-ci n'est plus rempli tout entier que des produits de la combustion. On continue la combustion d'avant en arrière, en procédant comme à l'ordinaire. L'écran *m* est reculé d'un demi-pouce vers le bout fermé, cette partie entourée de charbons ardens, etc. Le gaz qui se dégage à partir de ce moment, est recueilli dans des tubes gradués. Ces tubes ont un demi-pouce de diamètre; ils doivent avoir douze à quinze pouces de long, et leur graduation doit non seulement être exacte, mais encore se correspondre. Peu importe d'ailleurs qu'ils soient divisés, soit en parties de pouces cubes, soit en centimètres cubes, ou qu'ils offrent une division purement arbitraire.

Lorsque le premier tube est aux trois quarts plein de gaz, on le retire du mercure, et on laisse celui-ci s'écouler. Comme la place qu'occupait le métal se trouve prise alors par de l'air atmosphérique, qui se mêle avec le gaz en quelques secondes, on obtient ainsi un excellent moyen d'apprécier la pureté de ce dernier. Ne contiendrait-il qu'un millième de son volume de gaz bioxyde d'azote, on verrait se produire les nuages bien connus, de couleur rougeâtre ou rouge, qui, s'ils sont peu abondans, ne font que donner une teinte jaune au gaz lorsqu'on regarde à travers la colonne entière dans le sens de sa longueur, c'est-à-dire quand on place le tube dans une situation horizontale par rapport à l'œil.

Il arrive quelquefois que du gaz bioxyde d'azote se produit dès le début de la combustion, et qu'il ne s'en forme plus vers le milieu, parce que la surface du bioxyde de cuivre est réduite en a, et que le métal ainsi mis à nu ajoute à l'effet désoxydant de la tournure de cuivre. On ne doit donc pas négliger d'essayer le gaz, comme il vient d'être dit, au commencement, dans le milieu et vers la fin de la combustion. Si l'on remarque que du bioxyde d'azote se produise pendant toute la durée de cette dernière, c'est une preuve que le mélange de la substance avec le bioxyde de cuivre n'a point été bien fait, ou que la combustion marche avec trop de rapidité, ou enfin qu'on

doit augmenter la longueur de la couche de tournure de cuivre.

Ce n'est pas la peine de conduire un pareil essai jusqu'à la fin : il n'apprend rien, donne des
idées fausses sur la composition de la substance,
et n'est propre qu'à laisser des doutes relativement à l'exactitude d'une analyse subséquente
mieux faite.

En général, on emplit de gaz six à huit tubes,
dont le volume total est d'environ trois à six cents
centimètres cubes.

Il s'agit maintenant de déterminer la proportion relative, en volume, de l'azote et de l'acide
carbonique. On introduit les tubes, l'un après
l'autre, dans un cylindre plein de mercure, fig. 9,
pl. II, qui va en s'élargissant vers le haut : on met
le métal de niveau dans l'intérieur et au dehors
du tube, et on note le volume du gaz.

A l'aide de la pipette, fig. 10, pl. II, qui est
pleine de lessive de potasse et fermée en α par du
mercure, on introduit dans le tube gradué assez
de cette lessive pour qu'elle y forme une couche
haute de quelques lignes. Ordinairement, pour
cela, on produit en β, avec la bouche fermée,
une faible pression d'air, pas plus forte qu'il n'est
nécessaire pour faire monter la lessive de potasse.

Si l'extrémité recourbée de la pipette a environ

un pouce et demi de long, et qu'elle dépasse le mercure dans l'intérieur du tube gradué, il suffit de soulever un peu celui-ci pour déterminer la dissolution de potasse à y monter d'elle-même par la pression de l'air extérieur.

Des mouvemens circonspects de haut en bas qu'on imprime au tube gradué déterminent l'absorption rapide de tout l'acide carbonique existant dans le gaz, qui ne contient plus ensuite que de l'azote. Souvent alors la partie inférieure des tubes gradués s'ébrêche, et les tubes eux-mêmes se brisent, ce qu'on évite en ayant soin d'appuyer fortement le bord inférieur de leur ouverture contre la paroi du cylindre.

On met le mercure de niveau au dedans et au dehors, et on note le volume du gaz.

Que le volume du mélange gazeux s'élève, dans les six tubes, à 620, et qu'après le traitement par la lessive de potasse, il soit resté 124, il a disparu par conséquent 496 d'acide carbonique. Le volume de l'azote est donc à celui de l'acide carbonique :: 124 : 496 = 1 : 4.

On peut procéder de différentes manières pour calculer la quantité d'azote que contient la substance d'après la proportion en volume qui a été constatée, *en supposant connue la quantité d'acide carbonique que fournit un poids donné de cette substance.* Ou bien on convertit en volume l'acide carbonique qui a été produit, et l'on divise ce volume par le nombre proportionnel obtenu; le quotient exprime la quantité correspondante de gaz azote en volume. Par exemple, 0,100 gramm. de caféine donnent, par la combustion, 0,180 gramm. d'acide carbonique en poids. Le mélange gazeux que cette substance fournit pendant qu'on la brûle contient de l'azote et de l'acide carbonique dans la proportion en volume de 1 : 4. Or 1000 centimètres cubes d'acide carbonique pèsent 1,97978 grammes; donc 0,180 gram. de cet acide correspondent à 91,85 centimètres cubes. Si l'on divise ce nombre par 4, on obtient 22,85 centimètres cubes, qui sont à 91,85 comme 1 : 4. Ces 22,85 centimètres cubes sont comptés pour de l'azote. On sait que 1000 centimètres cubes d'azote pèsent 1,26 gramme. Donc 100 parties de caféine contiennent 28,834 d'azote et 49,796 de carbone.

On peut éviter ce long calcul, en se rappelant qu'un volume d'acide carbonique équivaut à un atome de carbone, et un volume de gaz azote à deux atomes d'azote. Comme on connaît la quantité du carbone et le volume proportionnel des produits de la combustion, on calcule l'azote d'après les poids atomiques.

D'après la détermination du carbone; la caféine contient 49,796 pour cent de carbone ;

cette substance a produit du gaz azote et de l'a-
cide carbonique dans la proportion en volume
de 1 : 4 ; par conséquent, elle contient 2 atomes
d'azote pour 4 atomes de carbone.

Maintenant, 49,796 : x :: 4 × 76,437 (poids
atomique du carbone) : 2 × 88,518 (poids atomique de l'azote). Ainsi on a :

$$49,796 : x :: 305,748 : 177,036. \text{ D'où}$$

$$x = \frac{49,796 \times 177,036}{305,748} = 28,834 \text{ pour c. d'azote.}$$

La détermination qualitative qui vient d'être
décrite procure une certitude complète ; elle est
exacte et rigoureuse pour toutes les substances
azotées dans lesquelles l'azote et le carbone sont
en moindre proportion que 1 : 8.

Pour contrôle de cette méthode qualitative,
on peut déterminer quantitativement l'azote, au
moyen de l'appareil suivant (pl. II, fig. 11):

Il consiste en un cylindre à pied (fig. 11 ,
A), dans lequel trois anneaux en liége (pl. II,
fig. 12) sont collés, l'un au fond, les autres
en m et en n : ils servent à maintenir la petite -
cloche graduée B , dans ses mouvemens. Le
tube C, par lequel le gaz arrive dans la cloche,
a deux branches verticales parallèles, dont l'as-
cendante doit offrir la même longueur que la
cloche , tandis que l'autre , en dehors de la

cloche, traverse les deux anneaux en liége (fig. 12,
X). On engage le tube conducteur dans le cylindre, on enfonce la cloche graduée jusqu'au
fond *o*, et on emplit le cylindre de mercure. La
cloche et le tube conducteur sont maintenus en
place tous deux par le support D, de telle
sorte qu'ils ne puissent être soulevés par le mercure. Le bras *s* du support peut monter et des-
cendre le long de la tige ; une vis de pression
permet de le fixer à la hauteur que l'on veut. Au
tube conducteur C on unit, par le moyen d'un
petit tuyau en caoutchouc, le court tube E, qui
n'a d'autre destination que de rendre l'appareil un
peu mobile, et d'en diminuer la fragilité. Ce dernier tube est joint hermétiquement avec le tube à
combustion, par le moyen d'un bouchon de liége.

La substance a été pesée et introduite dans le
tube à combustion, de la manière que j'ai indiquée en décrivant les opérations précédentes.
Avant d'entourer ce tube de charbons incandescens, on s'assure que tous les joints ferment
parfaitement. Pour cela, on soulève la cloche, de
manière que le mercure soit plus élevé d'un pouce
environ dans son intérieur qu'à l'extérieur, et
l'on note le niveau du métal. S'il demeure le même
pendant un quart d'heure, il n'a pénétré d'air ni
par α ni par β : on peut alors commencer la
combustion. Avant de la mettre en train, on ré-

tablit le niveau entre le mercure contenu dans la cloche et celui qui l'entoure, et l'on note tant le volume de l'air qui se trouve dans cette cloche, que sa température et l'état du baromètre.

Le gaz qui se dégage pendant la combustion entre dans la cloche graduée, et en chasse le mercure. Mais, avec l'attention de remonter le bras en bois le long de la tige, on peut maintenir toujours le métal à son premier niveau.

Il faut donner au tube conducteur du gaz une situation fixe dans le mercure, par le moyen d'un second support, qui n'a point été indiqué dans la figure, afin de ne pas la surcharger.

Quand la combustion est terminée, c'est-à-dire lorsqu'on ne voit plus le gaz augmenter de volume dans la cloche, on éloigne les charbons, et on laisse refroidir l'appareil. On ramène au niveau la hauteur du mercure, qui change pendant le refroidissement ; on observe la température, ainsi que l'état du baromètre, et l'on mesure le volume du gaz qui a été obtenu. Puis, pour avoir le véritable volume du gaz dégagé, on déduit de la masse totale de ce gaz le volume de l'air qui était contenu dans la cloche avant la combustion, et l'on réduit à zéro de température et vingt-huit pouces de hauteur barométrique, en supposant que l'une et l'autre n'aient point changé avant et après l'expérience, auquel cas il faudrait opérer la réduction sur chacune en particulier.

On connaît alors la somme des volumes des gaz azote et acide carbonique d'un poids donné de substance : on sait aussi, d'après la détermination antérieure du carbone, quelle est la quantité de l'acide carbonique; on calcule cette quantité en volume pour le même poids, et, afin d'avoir la quantité de l'azote, on déduit ce volume de celui du gaz obtenu; ce qui reste est du gaz azote, que l'on convertit en poids. Le volume du gaz azote doit être à celui de l'acide carbonique dans un rapport simple, et qui soit le même que celui qu'a offert l'analyse qualitative; s'il y a une différence notable, l'analyse par l'une ou l'autre méthode est fausse, et il faut recommencer.

Par exemple, 0,100 gram. de caféine, qu'on brûle dans cet appareil, donnent, à zéro de température et vingt-huit pouces de hauteur barométrique, 114,06 centimètres cubes de gaz. La même quantité, brûlée dans l'appareil fig. 18, pl. I, donne 0, 180 d'acide carbonique, correspondant, sous la température de zéro et la pression de vingt-huit pouces, à 91, 21 centimètres cubes; donc, 0, 100 de caféine donnent 114,06 — 91,21 = 22,85 centimètres cubes de gaz azote, ou 28,836 pour cent.

La quantité de substance qu'on peut analyser avec cet appareil, est relative à la capacité de la cloche. Pour chaque centième d'azote et de carbone, il faut compter un centimètre cube d'espace dans la cloche, plus un jeu de quinze à vingt centimètres pour les changemens de volume qui surviennent avant et après la combustion. Si, par exemple, la cloche n'a qu'une capacité de cent centimètres cubes, on n'y peut mesurer que le gaz provenant de soixante milligrammes de caféine, ou de quatre-vingt-dix à cent milligrammes de morphine, en supposant qu'avant la combustion quinze centimètres cubes d'air fussent contenus dans cette clocle. Ordinairement les cloches ont une capacité de deux cents à deux cent cinquante centimètres cubes. Mais on voit aisément que, dans tous ces cas, les quantités des substances analysées sont fort petites, et que les erreurs d'opération ou d'observation exercent toujours une grande influence sur l'azote obtenu, de sorte que, si la quantité d'azote qui entre dans la composition de la substance est très-petite par elle-même, cet appareil cesse entièrement de donner des résultats exacts et certains.

Une source principale d'erreur, ici, est le ramollissement du tube par une trop forte chaleur employée pendant la combustion, ce qui lui fait perdre sa forme, et par là influe naturelle-

ment sur le volume du gaz de la cloche : cet effet
a surtout lieu facilement lorsqu'on ne règle pas
avec soin la pression du mercure dans la cloche.
Il convient d'entourer à moitié la partie inférieure
du tube d'une feuille mince de cuivre, en forme
de gouttière, qu'on couvre d'une couche de charbon réduit en poudre fine, afin de prévenir l'ad-
hérence par fusion. Ce qu'il y a de mieux pour
éviter que le tube ne se ploye, c'est une feuille
de platine, ayant la même longueur que lui, et
qui ne soit pas plus large qu'il ne faut.

Détermination directe de l'azote. — Lorsqu'il
s'agit de substances très-peu azotées, la quantité
entière du gaz azote mis en liberté pendant la combustion, se détermine dans une seule opération.
On se sert alors de l'appareil pl. II, fig. 11, *a*,
auquel on donne la disposition suivante. A l'extrémité fermée d'un tube à combustion long de
dix-huit pouces, on met une couche d'hydrate
de chaux sec, longue de deux pouces à deux pouces et demi, dont le poids doit s'élever au moins
à quatre ou cinq grammes. Sur cet hydrate on
met un pouce de bioxyde de cuivre, puis le mélange de la substance avec du bioxyde de cuivre ;
les autres divisions de la fig. 11, *b*, indiquent le
bioxyde de cuivre qui a servi à nettoyer le vase
dans lequel on a opéré le mélange, puis le bioxyde
de cuivre pur, et enfin la tournure de cuivre.

6

35. Le tube à combustion est uni avec un autre, ayant la forme d'un grand tube à chlorure de calcium avec deux boules. La boule α est vide ; l'autre et la partie large du tube qui vient après, sont remplies d'hydrate de potasse sec.

36 Après avoir placé l'appareil dans le fourneau, on l'unit, par le moyen d'un tuyau en caoutchouc, avec le tube à dégagement et le gazomètre de la pl. II, fig. 11, a, et on procède à la combustion comme d'ordinaire. Si le tube d'absorption a douze pouces de long, la boule un pouce de diamètre, et la partie large quatre lignes, ce tube contient environ trente fois plus de potasse qu'il n'en faut pour absorber tout l'acide carbonique produit. Ce n'est plus ensuite que du gaz azote qui passe dans le tube gradué.

37 Lorsque, vers la fin de la combustion, l'hydrate de chaux est porté au rouge faible, l'eau qu'il contient se convertit en vapeur, et chasse devant elle tout l'acide carbonique, en le faisant passer dans le tube d'absorption. Après le refroidissement, le tube à combustion ne contient que de la vapeur d'eau, qui se condense. Les traces restantes d'acide carbonique sont absorbées par la chaux vive.

Avant la combustion, il y avait dans le tube gradué un volume connu d'air ; quand elle est terminée, ce volume se trouve accru. L'aug-

mentation exprime exactement la quantité de
gaz azote qui est venue s'ajouter à l'air. On la mesure , et après la réduction tant à zéro de température qu'à vingt-huit pouces de hauteur du
baromètre , on la calcule en poids.

Cet appareil est entaché d'un vice constant,
qu'on ne peut point éviter. En effet , on obtient
toujours un peu moins d'azote, ce qui tient indu-
bitablement à ce que l'oxygène de l'air contenu dans
le tube à conbustion a pris part à la conbustion.
Les limites de cette erreur ont été déterminées
par une série d'analyses faites avec beaucoup de
soin sur des substances azotées de composition connue. En ajoutant un pour cent à l'azote obtenu,
celui-ci exprime exactement la quantité d'azote qui
existe dans la substance.

Lorsqu'on fait usage de l'appareil suivant , le
dosage de l'azote de la substance est toujours
porté un peu trop haut. Dans de bonnes analyses, l'excès va de un à un et demi centimètre
cube du volume entier qu'on obtient. L'erreur
est plus considérable quand il s'est produit du
bioxyde d'azote. Deux analyses d'un corps azoté,
faites , l'une d'après la méthode qui vient d'être
décrite, l'autre avec l'appareil suivant, donnent,
en prenant la moyenne des deux, la quantité de
l'azote de la substance avec toute l'exactitude
qu'on peut espérer aujourd'hui.

On choisit un tube à combustion long de vingt-
quatre pouces; on y introduit une couche de carbonate de cuivre, longue de six pouces, à partir
de l'extrémité fermée; puis on met une colonne
de deux pouces de bioxyde de cuivre pur, ensuite
le mélange de la substance et de bioxyde de cuivre, plus loin une couche de bioxyde de cuivre
pur, et enfin une couche de limaille de cuivre.
La fig. 13 *b*, pl. II, indique ces couches successives.
Le tube à combustion est uni, par le moyen d'un
liége, avec le tube à trois branches représenté
fig. 14, et l'on recouvre en outre le liége de cire
à cacheter fondue. L'une des branches commu-
nique, par un tuyau en caoutchouc, avec la
pompe à main, fig. 13, *a*, B, l'autre avec un tube
de verre A, long de trente pouces et recourbé,
qui plonge dans une petite cuve D contenant du
mercure. Le tube à trois branches, fig. 14, est
un peu effilé en α. L'appareil étant disposé, on y
fait le vide : le mercure monte jusqu'à vingt-sept
pouces; si son niveau ne reste point invariable, c'est
la preuve qu'un des joints ferme mal. On place
en *n*, fig. 13 *a*, un écran sur le bioxyde de cuivre
pur, et l'on entoure le carbonate de cuivre de
deux ou trois charbons incandescens. Il se dégage
aussitôt de l'acide carbonique pur, le mercure
baisse, et le gaz s'échappe par l'ouverture du
tube. On fait un seconde fois le vide dans l'ap-

pareil, on dégage encore de l'acide carbonique, et l'on continue d'agir ainsi à quatre ou
cinq reprises, c'est-à-dire, jusqu'à ce que les
bulles de gaz qui sortent par l'ouverture du
tube A se réduisent presque à rien lorsqu'on
les reçoit dans un petit tube de verre plein
de lessive de potasse caustique. Tout l'air atmosphérique est alors expulsé de l'appareil.
On fond à la lampe à esprit-de-vin la portion
effilée a du tube à trois branches fig. 14, et on
enlève le tube de jonction C, courbé en S, ainsi
que la pompe à main. Ensuite, par le moyen du
support A, fig. 15, on assujettit, au dessus de
l'ouverture du tube conducteur du gaz, un tube
de verre gradué, d'une capacité d'environ cent
centimètres cubes, plein à moitié de lessive de
potasse et à moitié de mercure, puis on procède
à la combustion de la substance, comme il a été
dit plus haut. Il se dégage de l'azote et de l'acide
carbonique; ce dernier étant absorbé par la potasse, il ne se rassemble donc que du gaz azote
dans le tube.

Lorsque la combustion de la substance est par-
venue jusqu'au point n (fig. 13, a), que par conséquent elle est terminée, le gaz qui occupe l'intérieur de l'appareil contient encore une certaine
quantité d'azote, qu'il faut faire passer dans le
tube gradué fig. 15, B. Une moitié du carbonate

de cuivre a servi pour éloigner l'air atmosphérique ; l'autre moitié , restée intacte, sert maintenant à chasser le mélange gazeux dans le tube
gradué. On entoure de charbons ardens la partie
postérieure du tube à combustion , et on fait dégager encore environ trois à quatre cents centimètres cubes de gaz , qui passe dans le tube gradué ; l'acide carbonique du carbonate de cuivre
chasse devant lui , dans ce tube , les produits de
la combustion.

Quand on s'aperçoit que , surtout en agitant
le tube gradué, il ne s'y opère plus d'absorption , on le bouche avec un disque de verre dépoli, et on le porte dans un grand vase contenant de l'eau. Le mercure et la lessive de potasse
s'écoulent, et l'eau prend leur place.

On mesure le gaz , après avoir noté l'état du
baromètre et du thermomètre. On fait entrer en
ligne de compte l'influence de la tension de l'eau
sur le volume de ce gaz, on réduit à zéro de
température et à vingt-huit pouces de hauteur
barométrique , et on calcule le gaz azote en
poids. ,

Berzelius pense qu'on peut omettre l'emploi
de la pompe à main, pourvu qu'on ait soin, avant
l'opération , de faire passer pendant quelque
temps un courant d'acide carbonique à travers
le tube à combustion, afin de le purger d'air

atmosphérique. Si l'on ne veut pas s'exposer à commettre de grandes erreurs, il ne faut pas négliger d'avoir recours à cette pompe; car le moyen proposé par Berzelius ne procure point l'expulsion de l'air contenu dans les pores du mélange. Cet air interposé s'élève à huit ou neuf centimètres cubes pour le volume ordinaire du mélange: d'où l'on voit que sa quantité dépasse souvent celle du gaz azote qui est fourni par cinq à six cents milligrammes de certaines substances.

Mitscherlich propose de mettre le mélange dans le tube à combustion sans carbonate de cuivre, de faire le vide, de procéder à la combustion, comme de coutume, de recevoir tout le gaz azote et l'acide carbonique dans une cloche, de mesurer le volume du gaz obtenu, et de faire absorber l'acide carbonique par de l'hydrate de potasse: on obtient, dit-il, la proportion en volume des deux gaz, d'après laquelle on calcule le poids de l'azote.

Si l'on se rappelle qu'au moment où le feu commence à agir sur une substance organique quelconque, il se dégage des produits volatils qui ne brûlent complétement que quand on les fait passer *avec lenteur* sur du bioxyde de cuivre rouge, et si, d'une autre part, on réfléchit qu'en opérant la combustion dans un espace où l'air est raréfié, les gaz dégagés se répandent avec une grande rapidité dans l'appareil, on doit s'attendre, en suivant le conseil de Mitscherlich, à ce que la combustion soit d'abord incomplète. En outre, il reste dans les tubes une certaine quantité d'azote, qui n'entre point en ligne de compte, et l'on est obligé d'estimer le volume de l'hydrate de potasse, pour le défalquer de celui de l'azote. C'est l'analyse de l'acide urique qui a conduit Mitscherlich a proposer cette méthode ; mais elle n'est point nécessaire pour une substance aussi riche en azote que l'acide urique, et à peine mériterait-elle d'être recommandée pour des corps qui en contiendraient peu.

L'appareil que j'ai décrit est également applicable à la combustion dans le vide, mise en usage afin d'arriver, par l'analyse qualitative du mélange gazeux, à connaître la proportion relative de l'acide carbonique et de l'azote après l'expulsion de l'air atmosphérique qui emplit l'appareil. Il va sans dire qu'on peut alors négliger l'emploi du carbonate de cuivre ; mais, s'il s'agit de substances qui contiennent très-peu d'azote, on ne saurait, avec quelque soin même qu'on procède, se fier aux proportions que l'on obtient. Toutes les fois qu'il s'agit de déterminations d'azote, on ne doit pas négliger de soumettre à un examen rigoureux la justesse des poids qui servent à exécuter les pesées. On sait qu'il est indifférent, pour des analyses d'autre genre, que les poids soient justes ou non, pourvu qu'ils s'accordent bien ensemble; mais lorsque le gramme et les décimales de grammes avec lesquels on pèse les substances ne sont point justes, il faut toujours s'attendre à des différences assez considérables dans les réductions des gaz à des poids rigoureux.

Contre-épreuves pour les analyses organiques.

Après avoir fait connaître toutes les précautions qui garantissent la bonté du résultat, il faut encore parler de quelques méthodes auxquelles on a parfois recours pour contrôler les déterminations du carbone et de l'azote.

A l'égard des corps dont le poids atomique est peu élevé, et dans lesquels, par conséquent, le rapport numérique des atômes des élémens est très-simple, on n'a pas besoin d'autre contrôle que d'une détermination exacte du poids atomique. Mais il en est autrement pour les corps qui ont un poids atomique considérable. Ici une faible différence dans les déterminations des poids atomiques comporte quelquefois plus d'un demi-atome de carbone, et souvent plus de trois atomes d'hydrogène. Les moyens suivans ne doivent donc point être négligés à l'égard de ces derniers corps.

Contre-épreuves pour le carbone.

Si le corps est susceptible de se combiner avec une substance azotée, par exemple, avec de l'ammoniaque ou avec de l'acide azotique, la combustion de ces combinaisons, dans lesquelles on connaît la quantité de la matière azotée, fournit un excellent contrôle pour le carbone, au moyen de la proportion qu'on obtient entre le gaz azote et l'acide carbonique. Les volumes des deux gaz doivent se comporter comme les équivalens de l'azote et du carbone.

Un second moyen de contrôler le carbone d'un acide à poids atomique élevé, consiste à brûler un des sels de cet acide dont la base ne laisse point échapper l'acide carbonique, quand on le fait rougir avec du bioxyde de cuivre, comme, par exemple, la baryte. On obtient moins d'acide carbonique que si la substance avait été brûlée seule, et, dans toutes les circonstances, un atome en moins de carbone. L'acide carbonique qui reste combiné avec la base peut être calculé : sa quantité doit être à celle de l'acide carbonique obtenu comme un au reste du nombre d'atomes de carbone de l'acide. Tous deux, additionnés ensemble, doivent exprimer le nombre des atomes du carbone dans la subtance. Ainsi, par exemple, dans l'amygdalate de baryte, l'acide contient 40 atomes de carbone; il donne, par la combustion, une certaine quantité d'acide carbonique, qui est à l'acide carbonique restant du carbonate de baryte, comme 39 : 1; l'addition de ces deux quantités produit 40.

. Les poids atomiques de tous les acides gras doivent être contrôlés de la même monière.

Contre-épreuves pour l'hydrogène.

La quantité d'hydrogène que les bases organiques contiennent peut être contrôlée en brûlant leur combinaison avec l'acide chlorhydrique. Comme l'acide chlorhydrique ne subit pas de décomposition en se combinant avec ces bases, l'eau qu'on obtient, calculée d'après le poids de la substance, doit toujours être plus considérable de 2 atomes, c'est-à-dire de la quantité d'hydrogène qui entre dans l'acide chlorhydrique.

La même chose a lieu pour les acides qui sont susceptibles de se combiner avec l'ammoniaque, et dont on soumet le sel ammonical à la combustion. A l'égard de corps tels que l'acide stéarique, l'acide oléique et autres semblables, la détermination de l'hydrogène laisse toujours quelque peu d'incertitude; il faut choisir ici le nom-

bre d'atomes qui se rapproche le plus exactement
du minimum de l'hydrogène obtenu. Le plus sûr
moyen d'arriver à des données certaines est de
décomposer la substance en plusieurs corps nouveaux, et de procéder à l'analyse des produits
qui émanent de là. La quantité d'hydrogène de
ces produits doit être dans un rapport déterminé
et déterminable avec celle d'hydrogène du corps
d'où ils proviennent. Si l'on ne peut démontrer
ce rapport, l'incertitude n'est point levée.

Détermination du nombre des atomes des élé-mens dans une combinaison organique.

Les procédés qui ont été décrits jusqu'ici donnent la composition des substances analysées pour
un poids connu de ces mêmes substances; mais
ils n'apprennent rien à l'égard du nombre des
atomes des élémens qui constituent le composé.
Assurément on ne peut point se tromper sur le
nombre relatif de ces atomes, quand on parvient
à réduire le corps en produits d'une composition
connue; mais cette méthode n'a été employée
jusqu'à présent que pour un petit nombre de substances, et la détermination de la proportion en
poids dans laquelle le corps se combine avec le
poids atomique d'un autre corps, demeure toujours le plus important des moyens d'arriver à

connaître la véritable composition, et de contrôler les nombres trouvés par l'analyse.

Si le corps est un acide, on détermine son poids atomique par l'analyse d'un de ses sels. Ses combinaisons avec l'argent, le plomb et le baryte, sont celles qui conviennent le mieux dans cette vue.

Les sels d'argent méritent la préférence sur tous les autres, quand on peut les obtenir. Ils sont toujours anhydres, et, après avoir été rougis, ils laissent de l'argent métallique pur, d'après lequel on calcule aisément le poids atomique. Certains sels d'argent détonnent quand on les chauffe : il faut les analyser par la conversion de l'oxyde d'argent en chlorure d'argent. On a recommandé, pour prévenir la détonnation, d'humecter le sel sec avec de l'huile de térébenthine et de l'enflammer; mais l'oxalate, le fumarate et autres sels d'argent n'en détonnent pas moins, malgré cette précaution, qui ne remplit son but que dans un très-petit nombre de cas.

Berzelius analyse les combinaisons de plomb d'une manière commode et expéditive. Il les met dans un petit plat de porcelaine, et les chauffe rapidement près du bord : la combinaison prend feu la plupart du temps sur ce point, et continue de brûler jusqu'à ce qu'on n'ait plus enfin qu'un mélange d'oxyde de plomb et de métal. Après avoir pris le poids de ce mélange, on l'humecte avec de l'acide acétique, puis on le lave, par décantation, d'abord avec de l'eau, ensuite avec de l'alcool, et on le fait sécher. La perte est de l'oxyde de plomb, et l'accroissement de poids du plat est du plomb métallique.

En préparant les combinaisons avec de l'oxyde de plomb, on doit faire une attention toute spéciale à la propriété qu'ont les sels insolubles de plomb de se combiner avec des sels solubles qui pourraient exister dans la liqueur, et qui alors se précipiteraient avec eux.

Si un acide forme un sel acide et un sel neutre, ou un sel neutre et un sel basique, les analyses de ces combinaisons fournissent de nouveaux moyens d'établir le véritable poids atomique. Mais tout ce qui pourrait être dit à cet égard s'entend de soi-même quand on connaît l'analyse chimique en général.

Les combinaisons de baryte conviennent parfaitement.

Quand il s'agit de corps dont le poids atomique est élevé, les sels de chaux donnent lieu à des erreurs faciles à remarquer.

La combustion de l'acide seul et d'un de ses sels anhydres, décide de la quantité d'eau qui le constitue à l'état d'hydrate.

La détermination de l'eau de cristallisation des sels est importante pour l'analyse organique.

Toutes les fois qu'on peut y arriver, il ne faut pas négliger de le faire.

La capacité de saturation des bases organiques se détermine avec le secours de l'appareil décrit figures 1 et 2, pl. 1. On met la base organique dans la partie large, et, après avoir constaté son poids à l'état sec, on amène en *a* du gaz acide chlorhydrique sec. La combinaison s'opère facilement, promptement et avec dégagement de chaleur; quelques bases entrent alors en fusion, d'autres demeurent poreuses; dans tous les cas, il reste une certaine quantité d'acide chlorhydrique, qui n'appartient point à la combinaison, et qu'on doit éloigner. Pour cela, on procède exactement de la même manière que si on voulait dessécher la combinaison; on entoure l'appareil d'eau bouillante, et on y fait passer de l'air, jusqu'à ce que son poids ne change plus. L'accroissement du poids de l'appareil est dû à l'acide chlorhydrique qui est entré en combinaison avec la base.

Si l'on juge nécessaire de s'assurer qu'il ne s'est point perdu une certaine quantité d'eau pendant la combinaison de la base avec l'acide, ce qui, dans cette manière d'opérer, porterait trop bas le poids de l'acide chlorhydrique, il faut dissoudre un poids connu de sel dans l'eau, et précipiter l'acide à l'état de chlorure d'argent.

Diverses substances organiques, sans être précisément des acides, se combinent avec l'oxyde de plomb. En s'emparant de cet oxyde, elles abandonnent quelquefois une certaine quantité d'eau, qu'elles ne laisseraient point échapper par la seule action de la chaleur. Dans tous les cas, en analysant ces combinaisons et la substance pure, on apprend tout ce qu'on désire de savoir par rapport au nombre des atomes des élémens.

D'autres substances ne se combinent ni avec des acides ni avec des oxydes métalliques, mais elles s'unissent, à l'état cristallin, avec de l'eau, qu'on doit alors s'attacher à déterminer avec le plus grand soin. On calcule d'après cela, d'une manière non moins sûre, le poids atomique simple, double, etc., de la substance, ce qui, naturellement, dépend du nombre des atomes d'eau dont cette substance s'empare.

EXEMPLES : — *Composition de l'acide amygdalique.* — *Détermination du poids atomique de l'acide :* — 1,089 d'amygdalate de baryte, décomposés par l'acide sulfurique, donnent 0,234 de sulfate de baryte. Le poids atomique du sulfate de baryte est de 1458,05. On obtient donc le poids atomique de l'amygdalate de baryte à l'aide de la proportion suivante :

$$0,234 : 1,089 : : 1458,05 : x = 6783,37.$$

Contre-épreuve : — 1,002 de sel de baryte donnent 0,182 de carbonate de baryte. De là résulte, pour le poids atomique du sel, = 6790,00; terme moyen = 6786,68.

0,668 gram. du même sel donnent 1,068 gramm. d'acide carbonique, c'est-à-dire 158,88 pour cent : 0,7235 gramm. donnent 1,148 d'acide carbonique, par conséquent 158,6 pour cent. 100 parties donnent donc, terme moyen, 159,24 d'acide carbonique. En outre ,

0,668 gram. donnent	0,302 d'eau
0,7235	0,326
1,3915	0,628

Après la combustion du sel de baryte avec le bioxyde de cuivre, il est resté du carbonate de baryte, dont le carbone doit entrer en ligne de compte. Il résulte de l'analyse précédente que 100 parties d'amygdalate de baryte laissent, après avoir été soumises à la chaleur rouge, 18,17 de carbonate de baryte. Ceux-ci contiennent 4,0718 d'acide carbonique. Il y a donc en tout 159,24 + 4,0718 = 163,3118 d'acide carbonique.

On calcule ensuite pour 100 parties d'amygdalate de baryte les résultats qu'on a obtenus; ce qui manque pour faire 100 est de l'oxygène.

Il suit donc des résultats précédens que 100 parties du sel de baryte contiennent

carbone.	45,157
hydrogène.	5,014
baryte. . . , ...	14,098
oxygène	35,731

100,000

Maintenant, pour trouver la composition de l'acide, et par suite le nombre des atomes de ses élémens, on calcule combien de carbone, d'hydrogène et d'oxygène il se trouve contenu dans la somme des nombres d'atomes de tous les élémens, c'est-à-dire dans le poids atomique qu'on a déterminé.

100 parties d'amygdalate de baryte contiennent :

45,157 par conséquent 6786,68—3864,660 carbone
5,014. . . . . 6786,68— 340,284 hydrogène
14,098. . . . . . . 6786,68— 956,706 baryte
35,731. . . . . 6786,68—2424,948 oxygène

6786,598

3064,660 est la *somme* des atomes du carbone dans un poids atomique du sel. Si on divise cette somme par le poids d'un atome de carbone, on obtient le *nombre* des atomes de carbone:

$$\frac{3064,66}{76,437 \text{ Poids d'un atome de carbone}} \dots \dots = 40,09 \text{ at. de carbone}$$

$$\frac{340,284}{6,2398 \text{ poids d'un atome d'hydrogène}} \dots \dots = 54 \text{ at. d'hydrog.}$$

$$\frac{956,706}{956,88 \text{ poids d'un atome de baryte}} \dots \dots = 1 \text{ at. de baryte}$$

$$\frac{2424,948}{100 \text{ poids d'un atome d'oxygène}} \dots \dots = 24 \text{ at. d'oxygène}$$

La formule du sel est donc C^{40} H^{54}, O^{24}, Ba O.

La comparaison de la composition en centièmes que donne la formule avec les nombres qui avaient été fournis par l'analyse, indique jusqu'à quel point le résultat de l'expérience se rapproche de la composition théorique.

		Calculés pour cent parties.
40 atomes de carbone.	=3057,480	45,28
54 atomes d'hydrogène.	= 336,949	4,99
1 atome de baryte. .	= 956,880	14,17
24 atomes d'oxygène. .	=2400,000	35,56
Poids atomique d'après la formule.	=6751,309	100,00

La marche ordinaire du calcul du nombre des
atomes des élémens, dans une substance organique analysée, est pour toutes la même que
celle qui vient d'être développée dans l'exemple
précité. La formule à laquelle on arrive est la
plus prochaine expression des nombres trouvés
par l'expérience. Il s'agit maintenant d'en soumettre l'exactitude à un examen rigoureux.

En apparence, le résultat trouvé s'accorde autant qu'on peut le désirer avec les inductions de
la théorie. Pour tous les élémens, l'hydrogène
excepté, cet accord est une garantie suffisante de
l'exactitude du résultat. Mais si l'on se rappelle ce
qui a été dit précédemment au sujet de la détermination de l'hydrogène, on sait qu'un accord
parfait entre les résultats de l'expérience et ceux
du calcul prouve que la substance contient *moins*
d'hydrogène qu'il n'en est indiqué dans la formule.

Il a été dit qu'en ce qui concerne des corps
d'un poids atomique élevé, la détermination de
l'hydrogène doit être soumise à une correction.
Or, cette correction n'a point été faite dans l'a-
nalyse dont il vient d'être question.

Mais si, de l'eau obtenue dans cette analyse,
on défalque 6 milligrammes, comme n'appar-
tenant point à la substance, que, par conséquent, de 0,628 d'eau, on déduise 12 milligrammes, il reste 0,616 grammes d'eau, d'a-

près quoi, pour 100 parties d'amygdalate de baryte, le calcul indique seulement 4,91 d'hydrogène, c'est-à-dire moins que n'en porte la formule. D'après la formule $C^{40} H^{52} O^{24}$, $Ba O$, le sel contient 4,81 pour cent d'hydrogène, et cette quantité se rapproche de la quantité corrigée autant qu'on peut l'espérer dans de pareilles expériences.

De tout ce qui précède on peut conclure, avec une probabilité satisfaisante, que l'acide amygdalique ne contient pas au-delà de 52 atomes d'hydrogène, que, par conséquent, le poids atomique du sel ne doit s'élever qu'à 6738,829.

Quant à ce qui concerne le carbone, les limites des erreurs d'observation doivent être recherchées et comparées.

Il est clair que, dans cette analyse, les erreurs d'observation diminuent la quantité du carbone. Si le sel, ayant un poids atomique de 6786,68, ne contenait que 39 atomes de carbone, sa composition devrait être exprimée par la formule $C^{39} H^{54} O^{25}$, $Ba O$. Cette formule donne, pour poids atomique du sel, le nombre 6874,872, qui se rapproche encore davantage de celui qu'on a trouvé, que celui dont l'indication a été donnée plus haut d'après le calcul ; mais il s'ensuivrait de là que 100 parties de sel devraient donner seulement 43,35 pour cent de carbone. Ainsi, une

différence d'un et trois quarts pour cent en carbone correspond à un atome de carbone dans
la composition théorique, et il est facile de remarquer que le maximum de la perte ne doit
point dépasser 0,87 pour cent de carbone, c'est-
à-dire un demi-atome de carbone, pour que le
résultat ne soit pas douteux.

En défalquant du poids atomique du sel le
poids d'un atome de baryte, on obtient le poids
atomique de l'acide , 6738,829 — 956,88 =
5782,049 , d'après lequel peut être calculée sa
composition en centièmes.

Dans le calcul et le contrôle de l'analyse d'une
base organique, le poids atomique se détermine
d'après la quantité d'acide avec laquelle cette
base forme une combinaison constante : du
reste, on procède exactement de la manière
qui vient d'être décrite.

Le nombre des substances organiques qui n'entrent en combinaison avec aucune autre d'un
poids atomique connu , et dont par conséquent
on ne puisse contrôler la composition , est extrêmement petit. Pour celles-ci , il faut se contenter de rechercher le rapport atomique de
leurs élémens , et de l'exprimer sous la forme
la plus simple. La mannite, par exemple , appartient à cette classe de corps ; 2,735 gramm. ont
fourni , par la combustion, 4,097 gram. d'acide

carbonique et 1,770 gram. d'eau, ce qui donne,
pour la composition en centièmes ,

Carbone. . . .	39,7259
Hydrogène. . .	7,7210
Oxygène. . . .	52,5531

$$100,0000$$

En adoptant 100 pour poids atomique de la
mannite, $\dfrac{39,7259}{76,437}$ exprimerait le nombre des
atomes du carbone ; $\dfrac{7,7210}{6,2398}$ celui des atomes de
l'hydrogène ; et $\dfrac{52,5531}{100}$ celui des atomes de
l'o ygène. Mais, comme le poids atomique est inconnu, les quotiens n'indiquent absolument que
la proportion relative des atomes des élémens de
la mannite, savoir :

0,518 atom. de carbone
1,238. . . . . hydrogène
0,525. . . . . oxygène.

Si l'on examine de près ces rapports, on voit
de suite que le nombre des atomes du carbone,
dans la mannite, doit être égal à celui des atomes
de l'oxygène; car il n'existe qu'une différence in-
signifiante entre les nombres 0,518 et 0,525. On

remarque, en outre, que le nombre des atomes
de l'hydrogène, comparé avec celui des atomes de
l'oxygène, est plus considérable que la proportion
dans laquelle ces deux élémens forment de l'eau.
Si le rapport était le même que dans l'eau, il
devrait, pour 52 atomes d'oxygène, y avoir 104
atomes d'hydrogène; mais on en a 123,8, par
conséquent près d'un sixième en sus. Il y a donc,
pour un atome d'oxygène, 2,36 atomes d'hydrogène, et, en exprimant ce dernier par le nombre
entier le plus prochain, la mannite contient,
pour 3 atomes d'oxygène, 7 atomes d'hydrogène
et 3 atomes de carbone.

L'analyse du sucre de canne cristallisé a donné
la composition suivante en centièmes :

$$\text{carbone} \quad 42,301 \ldots \quad \frac{42,301}{76,437} = 0,553$$

$$\text{hydrogène} \quad 6,454 \ldots \quad \frac{6,454}{6,2398} = 1,034$$

$$\text{oxygène} \quad \underline{51,501} \ldots \quad \frac{51,501}{100} = 0,515$$
$$\phantom{\text{oxygène} \quad} 100,000$$

On remarque ici que le nombre des atomes
de l'hydrogène est exactement double de celui
des atomes de l'oxygène, que par conséquent le
sucre contient ces deux élémens dans la même

proportion que celle qui s'observe dans l'eau. Le nombre des atomes d'oxygène est à celui des atomes de carbone : : 0,515 : 0,553, ou, en nombres ronds, :: 11 : 12. En admettant d'après cela que le sucre contient 11 atomes d'oxygène, sa formule est $C^{12} H^{11} O^{11}$.

Un très-grand nombre de substances organiques dont le poids atomique ne peut être déterminé d'une manière directe, se réduisent, lorsqu'en certaines circonstances on les met en contact avec d'autres, ou qu'on les traite par des acides ou des alcalis, en de nouveaux produits dont la composition est déjà connue, ou du moins facile à déterminer. Ces sortes de décompositions sont un excellent moyen de contrôle pour l'analyse. Le sucre, mis en contact avec du ferment, se convertit en acide carbonique et en alcool; l'oxamide se transforme en ammoniaque et en acide oxalique. Il est clair que si l'on connaît, dans la décomposition du sucre, la quantité d'acide carbonique qui se produit, ou dans celle de l'oxamide, la quantité d'acide oxalique qui se forme, et si l'on est bien convaincu qu'il ne se produit point autre chose que de l'alcool dans le premier cas, de l'ammoniaque dans le second, on peut de là conclure, avec une certitude complète, quelle est la composition du sucre et de l'oxamide.

Un moyen fort important, pour soumettre à
une contre-épreuve le mode de composition d'un
corps dont on ignore le poids atomique, consiste
à faire usage de l'hypermanganate de potasse. Ce
sel, chauffé doucement avec une substance organique soluble, se décompose en hydrate de
bioxyde de manganèse; l'acide hypermanganique
abandonne de l'oxygène à la substance organique,
et si cette dernière se trouve en excès, son carbone ne s'oxyde que dans des cas très-rares. Par
l'oxydation de l'hydrogène, il se produit des acides
organiques, mais toujours en proportion rigoureusement nécessaire pour neutraliser la potasse:
la liqueur demeure neutre. L'acide qui se forme
de préférence en pareil cas est l'acide oxalique;
parfois aussi c'est l'acide formique. L'un et l'autre
sont faciles à déterminer. D'après leur quantité et
celle de l'hydrate de bioxyde de manganèse, on
peut juger de la composition de la substance. Par
exemple, lorsqu'on fait chauffer une dissolution
pure de sucre avec de l'hypermanganate de potasse, on obtient de l'oxalate de potasse neutre
et du bioxyde de manganèse; pour un atome d'a-
cide oxalique (452,87), on en a deux de bioxyde
(1091,78); d'où il est facile de calculer que la
proportion de l'hydrogène et de l'oxygène est la
même dans le sucre et dans l'eau.

Certaines substances azotées, qui ne sont ni

acides ni alcalines, se décomposent, par l'action des alcalis, en ammoniaque et en un acide dont on peut déterminer le poids atomique. Telles sont, par exemple, la caféine, l'asparagine, l'amygdaline. On peut aisément déterminer le poids atomique d'après la quantité d'acide ou d'un de ses sels que donne un poids connu de ces substances. Ainsi, en traitant 1,357 gramm. d'amygdaline, on obtient 1,592. d'amygdalate de baryte. Le poids atomique de l'amygdalate de baryte est de 6738,829; donc 1,592 : 6738,829 :: 1357 : $x = 5797$, poids atomique de l'amygdaline.

En ce qui concerne les substances volatiles, la détermination de la pesanteur spécifique est une excellente contre-épreuve de l'analyse organique. Le procédé qu'on doit employer en pareil cas a été indiqué par Dumas, qui, le premier' a mis en usage, et précisément dans cette vue. La description qu'il en a donnée embrasse toutes les règles et précautions qui peuvent garantir l'exactitude du résultat.

Détermination de la pesanteur spécifique de la
vapeur des substances volatiles, comme moyen
de déterminer le nombre des atomes de leurs
élémens.

L'appareil qu'on emploie pour arriver à cette
détermination est extrêmement simple, et l'opération, facile d'un bout à l'autre, n'exige ni beaucoup de temps, ni une grande habileté.

Le problème qu'on se propose de [résoudre
consiste à déterminer le poids d'une vapeur dont
le volume est connu.

A cette fin, on pèse un vase convenable,
plein d'air sec, à une température et à une
pression connues. On introduit dedans le liquide ou le corps volatil, de la vapeur duquel on veut déterminer la pesanteur spécifique. On l'y chauffe à environ 30 à 40 degrés
au dessus de la température à laquelle il entre
en ébullition, jusqu'à ce qu'il soit totalement
converti en vapeur; on détermine la température
de celle-ci, on bouche hermétiquement le vase,
et on en prend de nouveau le poids. On connaît
alors le poids du vase plein d'air et plein de vapeur. Après la réduction aux mêmes température et
pression, on peut calculer le poids de tous deux,
quand on a préalablement déterminé la capacité

du vase, par conséquent le volume de l'air et de
la vapeur. La pesanteur spécifique de cette dernière s'obtient en divisant le poids d'un certain
volume de vapeur par celui d'un égal volume
d'air, tous deux à la même température et à
la même pression.

On procède de la manière suivante. On prend
un petit matras en verre, sec et bien propre,
dont la capacité soit de trois à cinq cents centimètres cubes (fig. 16, pl. II)', on en unit le col
avec la pompe à main et l'appareil fig. 5. pl. I, on
pompe l'air, et alternativement on le laisse rentrer, en ouvrant le robinet; on parvient ainsi à
remplacer l'air humide de l'intérieur du matras
par de l'air qui a été desséché en traversant le
tube à chlorure de calcium.

Alors on étire le matras, au point a, en un
tube étroit, et long de six à huit pouces, que l'on
courbe en b. On coupe la pointe au moyen
d'une bonne lime, et on émousse le bord en le
faisant fondre à la lampe à esprit de vin. Le
verre du matras doit être tel qu'en se ramollissant il ne s'écaille ni ne noircisse, autrement
il serait plus tard difficile ou impossible de fer-
mer promptement la pointe. On a donc un
globe ou un ballon, avec une pointe allongée. On pèse ce ballon ouvert, et on le laisse
sur la balance jusqu'à ce qu'on voie que l'humi-

dité condensée à la surface du verre n'en altère plus le poids.

Il s'agit maintenant d'introduire dans ce vase le liquide ou le corps solide fondu. Pour cela, on chauffe doucement la panse du ballon: on en chasse ainsi une portion d'air, et on la laisse réfroidir, en tenant la pointe ouverte plongée dans la substance liquide ; celle-ci prend la place de l'air qui a été expulsé. On accélère l'opération en rafraîchissant la boule au moyen d'éther qu'on fait tomber dessus goutte à goutte. La quantité de liquide qu'on laisse entrer, se règle d'après le volume du ballon ; cinq grammes peuvent être considérés comme le minimum, et dix comme le maximum. Si le corps est de nature à se solidifier dans la partie évasée ou dans la partie étroite du col, il faut naturellement commencer par chauffer celui-ci.

Le ballon est placé dans un bain marie, un bain de chlorure de calcium, un bain de chlorure de zinc, etc., et le bain élevé à une température qui doit toujours dépasser de trente à quarante degrés le point d'ébullition du corps volatil. Le bain peut aussi être chauffé d'avance jusqu'à la température voulue; on n'a jamais à craindre que le ballon se brise. Un thermomètre très-exact indique sa température.

On peut employer des moyens très-variés pour

maintenir le ballon dans le bain. La fig. 17, pl. II, indique un de ces appareils, et la fig. 18 représente le support du ballon.

Dès que la température du bain est arrivée à quelques degrés au dessus du point d'ébullition du corps, un courant de vapeur de ce dernier se dégage par la pointe ouverte ; ce jet diminue peu à peu, et au bout de quinze à vingt minutes la flamme d'une bougie placée au voisinage de la pointe ouverte ne vacille plus. Quand on s'apperçoit que des gouttelettes de liquide se condensent dans la partie de la pointe qui fait saillie hors du bain, il faut les en éloigner. Pour y parvenir, on approche de cette pointe un charbon ardent, qui la débarrasse aussitôt de son contenu. Cela fait, on la ramollit rapidement, au moyen d'un chalumeau et d'une lampe à esprit-de-vin qu'on place auprès d'elle ; elle entre en fusion facilement, et se ferme d'une manière complète.

On éloigne alors du feu le vase en fer qui contient le bain ; on retire le ballon fermé de ce bain, on le lave, on le sèche parfaitement, et on en prend le poids, avec les précautions qui ont été indiquées plus haut.

La vapeur de la substance a expulsé tout l'air atmosphérique, à cela près d'une petite quantité, qu'il faut déterminer. Le volume de cette vapeur doit également être déterminé.

Pour cela, on plonge la pointe du ballon, dans toute sa longueur, sous le mercure, on pratique un trait de lime près du col, et on casse la pointe. Le vide qui a été produit par la condensation de la vapeur à la température ordinaire s'emplit de mercure; la plupart du temps, il reste une petite bulle d'air, mais fort souvent aussi le ballon se remplit d'une manière complète. Le volume du mercure est égal au volume que la vapeur occupait à la température élevée pendant laquelle on a fermé le ballon. Pour le déterminer, on vide le mercure dans un tube gradué, et l'on note le nombre de centimètres cubes qu'il occupe. Puis on emplit le vase d'eau, et l'on mesure le volume de cette eau; il dépasse presque toujours d'un à deux centimètres cubes celui du mercure. En défalquant l'un de ces volumes de l'autre, on obtient celui de la bulle d'air restante.

Avec les résultats ainsi obtenus, on peut calculer la pesanteur spécifique de la vapeur. L'exemple suivant fera ressortir les calculs auxquels on doit alors se livrer.

EXEMPLE. *Détermination de la pésanteur spécifique de l'éther carbonique.* Point d'ébullition 125,5 degrés centigrades. Le ballon plein d'air sec pesait 47,770 grammes, la température de l'air était de 18,6 degrés, et le baromètre à 331,8

millimètres. Après l'expérience, la capacité du
ballon, mesurée avec de l'eau, était de 290 centimètres cubes, ce qui est le volume de l'air qu'elle
contenait. 290 centimètres cubes d'air, à 18,6
degrés et à 331,8 de pression, donnent 267,7
centimètres cubes à zéro et à 336 millimètres. Comme 1000 centimètres cubes d'air pèsent 1,299075 grammes à zéro et à 336 millimètres, le poids des 267,7 centimètres cubes
d'air = 0,34776 grammes. Si du poids du ballon
plein d'air, on défalque celui de l'air, 47,770 —
0,34776, il reste 47,42224 grammes pour le
poids du ballon vide. Le ballon a été chauffé
dans un bain de chlorure de zinc, et son ouverture fermée à la température de 150 degrés
centigrades et à 331,8 millimètres de pression.
Son poids était de 48,431 grammes. Le mercure qui a pénétré dans le ballon s'élevait à
289,5 centimètres cubes (température du métal 18,6 degrés centigrades; hauteur du baromètre, 332 millimètres). Si du poids du ballon
plein de vapeur, on déduit celui du ballon
vide, il reste 1,00876 grammes pour le poids
de la vapeur d'éther carbonique; en admettant que le volume fût de 289,5 centimètres
cubes à 150 degrés de chaleur et 331,8 millimètres de pression, il n'est plus que de 182,98
centimètres cubes à zéro et à 336 millimètres.

Maintenant, ce volume de vapeur d'éther pèse 1,100876 grammes, de sorte que 1000 centimètres cubes pèsent 5,5129 grammes. La pesanteur spécifique de la vapeur d'éther carbonique est donc $\dfrac{5,5129}{1,299075} = 4,243$.

Cette détermination est suffisamment exacte pour le contrôle de l'analyse de l'éther carbonique. Mais il y a des circonstances dans lesquelles le calcul peut donner un résultat erroné, lorsqu'on n'a point égard à ce que le volume de la vapeur mesuré d'après le mercure qui a pénétré dans le ballon, est moindre que la capacité de ce dernier; en effet, si l'on soustrait l'un de l'autre, 290 — 289,5, il reste 0,5 centimètre cube d'air, qui contribuaient, avec les 289,5 centimètres cubes de mercure, à remplir le ballon. Or le poids de cet air s'est trouvé ajouté à celui de la vapeur. On obtient donc le véritable poids de la vapeur, en défalquant de 1,00876, le poids de 0,5 centimètre cube d'air à zéro et à 336 millimètres, savoir 0,00062; il est donc de 1,008135 grammes.

Le volume du mercure qui a pénétré dans le ballon n'exprime pas non plus exactement celui de la vapeur à 150 degrés; car les 0,5 de centimètre cubes d'air se dilataient d'environ 0,23 à cette température, de sorte que leur volume était de

0,73 de centimètre cubes. Le volume de la vapeur a donc été porté trop haut, d'environ 0,23 de centimètre cubes; le volume véritable est 289,5 — 0,23 = 289,27 centimètres cubes.

On voit que ces corrections changent à peine le chiffre de la pesanteur spécifique qui a été obtenue. Mais quand le résidu d'air dépasse deux centimètres cubes, il faut en tenir compte, et suivre pour cela la marche qui vient d'être tracée.

Le procédé que nous venons de décrire pour la détermination de la pesanteur spécifique de la vapeur, n'est pas susceptible d'une exactitude absolue. Les volumes qu'on mesure et qu'on pèse sont trop petits, et si l'on emploie de gros ballons, l'appareil perd de sa simplicité, il devient incommode à manipuler, il exige de grandes balances, très-sensibles. Tout cela n'est point nécessaire pour le but qu'on veut atteindre: il suffit que les deux premières décimales s'accordent avec la pesanteur spécifique calculée d'après la théorie; dans aucune circonstance on ne peut compter sur l'exactitude de la troisième. D'après cela, il est superflu de faire entrer en ligne de compte la dilatation du verre et la correction du thermomètre à mercure. L'insignifiance des changemens que ces corrections apportent au résultat trouvé, ressortira de la détermination de la pesanteur spécifique de la vapeur du camphre par l'inventeur de la méthode.

Excès de poids du ballon plein d'air et de vapeur de camphre à 13,5 degrés et 0,752 de hauteur barométrique = 0, 708 grammes. Température de la vapeur = 244 degrés. Volume du ballon = 295 centimètres cubes. Le poids de l'air contenu dans le ballon était de 0, 3559 grammes à zéro et à 0,760 de pression. 0,708 + 0,3559 = 1,0639 grammes est donc le poids de la vapeur.

Si l'on admet que le volume de la vapeur était de 295 centimètres cubes à 244 degrés, et qu'on n'ait point égard à l'expansion plus grande du mercure par l'élévation de la température, on obtient le nombre 5, 356 pour la pesanteur spécifique de la vapeur.

Mais 244 degrés du thermomètre à mercure ne correspondent qu'à 239 degrés du thermomètre à air. En outre, à chaque degré du thermomètre à air, le verre se dilate d'environ $\dfrac{1}{35000}$ de son volume à zéro centigrade. Le volume de la vapeur, à 239 degrés et 0,742 de pression, est donc $295 + \dfrac{295 \times 239}{35000} = 297$ centimètres cubes.

Réduit à zéro centigrade et 0,760 de pression,

son volume est de 153,5 centimètres cubes, ce qui donne 5,337 pour la pesanteur spécifique de la vapeur. Mais, dans toute circonstance, la différence entre deux expériences est plus considérable que celle entre la pesanteur spécifique corrigée et la pesanteur spécifique non corrigée, de sorte qu'on peut s'épargner ces calculs.

Emploi de la connaissance de la pesanteur spécifique d'un corps dont le poids atomique est inconnu, comme contre-épreuve de l'analyse.

La composition de l'éther carbonique a été trouvée par la combustion ordinaire. Les nombres les plus élevés donnent, pour cette composition en centièmes, 51,3075 de carbone, 8,5802 d'hydrogène, et 40,1121 d'oxygène. Ces nombres correspondent à la formule $C^5 H^{10} O^3$.

Les pesanteurs spécifiques de la vapeur de carbone, du gaz hydrogène et du gaz oxygène, étant entre elles comme les poids atomiques de ces substances, il est clair que, dans un volume d'éther carbonique, les volumes des élémens, carbone, hydrogène et oxygène, doivent se retrouver dans la proportion de 5 : 10 : 3. Cette proportion peut être double, ou seulement de moitié moins forte, ce qui dépend de la condensation des parties constituantes; mais elle doit toujours rester la même.

Cherchons maintenant combien il y a de carbone, d'hydrogène et d'oxygène contenus dans le poids d'un volume d'éther carbonique 4,243.

100 parties contiennent
51,3075 carb. par conséquent 4,243—2,1769
8,5802 hydrogène. . . . . . . 4,243—0,3645
40,1121 oxygène . . . . 4,243—1,7018

Le nombre 2,1769 exprime la *somme* des volumes (des poids atomiques) de vapeur de carbone dans un volume d'éther. Si on le divise par le poids d'un volume de vapeur de carbone, c'est-à-dire par sa pesanteur = 0,84297, on obtient le *nombre* de ces volumes, savoir : 2 1/2.

La pesanteur spécifique du gaz hydrogène est 0,0688 ; donc $\dfrac{0,3645}{0,0688} = 5$ est le nombre des volumes d'hydrogène ; et $\dfrac{1,7018}{1,1026} = 1\ 1/2$ est le nombre de volumes du gaz oxygène.

Or on voit sans peine que 2 1/2 : 5 : 1 1/2 sont la même proportion que 5 : 10 : 3 ; d'où il suit que l'analyse est exacte.

5 vol. de vap. de carb. pès. 5×0,84279=4,2139
10 . . de gaz hydrog. . . . 10×0,0688 =0,6880
3 . . de gaz oxygène. . . . 3×1,1026 =3,3078
                    Total   =8,2097

Le nombre 8,2097 est au poids spécifique trouvé 4,243, à peu près dans le rapport de 2 : 1, d'où il suit qu'un volume de vapeur d'éther carbonique doit contenir 5/2 de vapeur de carbone, 10/2 de gaz hydrogène, et 3/2 de gaz oxygène. C'est la proportion 2 1/2, : 5 : 1 1/2, qui a été trouvée plus haut.

Le poids d'un vol. d'ac. carb. est de 1,52400
Celui d'un vol. de vap. d'éther est de 2,58088

La somme des deux est de   4,10488

D'après cela, un volume d'éther carbonique contient :

1 volume de vapeur d'éther ⎫
1 volume de gaz acide carb. ⎬ sans condensation.

Dans des expériences rigoureuses, il faut faire entrer la dilatation du verre en ligne de compte.

A l'aide de la table qui termine le volume, laquelle a été calculée avec la plus grande exactitude possible, il sera facile d'exécuter promptement tous les calculs qui pourront se présenter.

EXAMEN CRITIQUE

DES PROCÉDÉS ET DES RÉSULTATS

DE

L'ANALYSE ÉLÉMENTAIRE

DES CORPS ORGANISÉS;

PAR F. V. RASPAIL.

1. A toutes les époques de l'histoire des sciences d'observation, les savans ont fait la remarque que, par la combustion violente, les corps organisés, finissent, en dernier résultat, par se partager en deux portions, l'une qui est rendue à la terre, et l'autre qui va se perdre dans les airs, l'une qui forme les cendres, et l'autre qui se résout en fumée.

Mais jusqu'aux découvertes de Priestley et de Lavoisier, la chimie ne s'était occupée que de l'étude des cendres et des produits liquides de la distillation; les produits gazeux de la combustion n'étaient pas encore entrés dans son domaine.

2. C'est à Lavoisier seulement que remonte cette ère nouvelle de la science. C'est ce grand penseur qui, le premier, reconnut que les corps organisés, à leur dernière analyse, se réduisaient à une combinaison d'oxigène, d'hydrogène, de carbone et d'azote, associés deux, trois ou quatre ensemble, et qui chercha à évaluer les proportions par lesquelles chacun de ces élémens rentrait dans la composition d'un corps organique donné. Il brûlait le corps dans l'oxigène gazeux; et convertissait ainsi tout le carbone en acide carbonique, l'hydrogène en eau, l'azote se dégageant libre. Ce procédé fut reproduit par Saussure, modifié par Prout, et tout-à-fait abandonné par Berzelius et Gay-Lussac ; mais tous en ont suivi le principe fondamental, qui est de brûler la substance dans un excès d'oxigène. Tout me porte à croire que le procédé de Lavoisier sera repris un jour, et que l'appareil seulement en sera modifié, dans le but de rendre la combustion complète.

3. Quoi qu'il en soit, le jour où Lavoisier annonça qu'il avait trouvé des substances que la combustion réduisait en un mélange d'acide carbonique et d'eau pure, ou théoriquement, en un mélange de carbone, d'oxigène et d'hydrogène; et d'autres qui, outre ces trois élémens, dégageaient de l'azote libre ; la distinction entre les

substances azotées et les substances non azotées ,
les substances ternaires et les substances quaternaires, passa comme d'inspiration dans la science,
et sans que la loi eût été préalablement soumise à
la philosophie de la discussion. D'un autre côté,
comme la gomme et le ligneux furent trouvés
composés de carbone d'oxigène, et d'hydrogène;
que le muscle, l'albumine et la fibrine furent
trouvés composés de carbone, d'oxigène, d'hydrogène et d'azote; les substances ternaires pri-
rent, sur ce seul fait, la dénomination de substances végétales; et les substances quaternaires, celles
de substances animales; distinction que la publication du *Nouveau systéme de chimie organique*, a définitivement fait effacer de nos livres
classiques français; et c'est un progrès plus grand
qu'on ne pense, que de délivrer l'enseignement
d'une fausse définition: il est des mots qui en-
travent à eux seuls la direction des plus fortes
études.

4. Il est une autre expression qu'on emploie
actuellement avec plus de réserve, mais qui a
exercé long-temps sur la synthèse de la science,
l'influence la plus désastreuse ; c'est celle de
substances immédiates, que l'on prodiguait à toute
substance, qui pouvait s'obtenir en poudre ou en
dissolution. La stupéfaction fut grande, on s'en
souvient, quand il fut démontré, même aux es-

prits les plus récalcitrans, que la plupart de ces
substances immédiates étaient des corps organisés, et un mélange d'organes assez compliqués
dans leur structure et par la variété de leurs produits. La chimie organique changea tout-à-coup
de face ; et force fut de la diviser en deux portions
bien distinctes, l'une qu'on ne pouvait plus étu-
dier qu'à l'aide de l'anatomie, et l'autre qu'il
fallait obtenir à l'état de solution, en controlant la
solution au microscope, crainte de la confondre
avec la suspension. On sentit alors le besoin de
multiplier les analyses élémentaires, afin de porter,
dans l'étude de la composition intime des corps,
le même esprit d'exactitude et le même degré de
précision, que la chimie microscopique venait
d'introduire dans l'étude de la structure intime des
cristaux et des tissus.

Mais les procédés analytiques employés par
Gay-Lussac et Berzelius, exigeaient, de la part
du manipulateur, le concours de la patience de
l'esprit, de la prestesse de la main, et de la bonne
foi de l'observation. Tous les chimistes ne se sen-
taient pas en fonds de ces qualités ; et le temps,
qui, dans ce monde industriel et nécessiteux,
est la monnaie la plus rare de la fortune, le temps
manquait à plusieurs. Liebig survint avec une mo-
dification qui réduisait tout le procédé à trois
pesées ; les chimistes se jetèrent avec avidité sur

ce moyen de faire des analyses élémentaires à si peu de frais; ce fut dès-lors une mode que l'analyse élémentaire; la mode, comme on le sait, engendre bien des futilités, quand elle commence à passer des classes riches dans les classes pauvres; et dès ce moment, les riches n'en veulent plus. Cette époque approche pour le sujet qui nous concerne; nous allons parvenir, nous le pensons, à démontrer la justesse de cette prévision; mais nous aurons du moins, pour premier résultat, amené le public savant à se méfier de la plupart de nos analystes, et à traiter leurs résultats, comme la jurisprudence traite les témoignages; *à les peser* et ne pas se contenter *de les compter.*

Vices de l'analyse élémentaire en général.

5. L'attention de l'analyste, depuis Lavoisier jusqu'à nous, s'est portée tout entière sur les moyens d'obtenir à part les élémens gazeux des corps organiques, et d'évaluer rigoureusement en poids ou en volume, les proportions du carbone, de l'oxigène, de l'hydrogène et de l'azote. Nul n'a tenu compte de l'étude des produits de l'incinération; seulement, lorsque le poids des cendres a paru trop considérable, comme dans l'a-

nalyse de la gomme arabique, on l'a défalqué, du poids de la substance, après l'avoir évalué par une expérience à part. Mais on comprendra facilement que la négligence de l'étude qualitative des sels qui rentrent dans un mélange, est capable de rendre tout-à-fait illusoire l'évaluation de ses produits gazeux. Soit, en effet, la gomme arabique; elle renferme environ $\frac{3}{100}$ de sels incinérés, parmi lesquels on remarque, comme principales bases, la chaux, la potasse et le fer ; mais la chaux n'existe pas dans la gomme à l'état de carbonate ; car les acides les plus énergiques ne produisent pas la moindre effervescence appréciable dans la solution gommeuse; une certaine quantité s'y trouve, il est vrai, à l'état de phosphate ; mais quel rôle y joue l'autre? N'y serait-elle pas combinée avec un acide organique? C'est la seule hypothèse que les chimistes puissent admettre comme un fait? Or dès-lors l'analyse élémentaire a évidemment mis les élémens gazeux de cet acide sur le compte de la gomme elle-même, c'est-à-dire sur le compte de la portion organique de la gomme arabique.

6. L'analyse de l'albumine, du gluten et des substances analogues, est, sous ce rapport, encore plus inexacte ; car ces tissus sont plus riches en cendres, et en sels de toute sorte. Aussi ce sont les substances qui jettent les chimistes dans les

divergences les plus grandes, et n'offrent pas deux fois, les mêmes nombres à l'analyse, quelque soin qu'on apporte à la manipulation.

7. Pour démontrer la gravité des écarts dans lesquels cet oubli a jeté la nomenclature et la philosophie de la science, il nous suffira de renvoyer le lecteur à l'article de l'acide mucique, analysé avec tant de soin et une si grande apparence de précision par les chimistes, et qui pourtant n'est qu'un oxalate acide de chaux (1).

8. Au reste, chacun sera en état de constater positivement l'impuissance de l'analyse élémentaire à rendre raison de ces faits. Il suffira de soumettre à la sagacité du chimiste le plus exercé aux procédés analytiques, un mélange de gomme ou de gluten, qu'on aura associé, à son insu, avec une certaine quantité d'acétate de chaux ou autre sel semblable. On peut être sûr d'avance que l'analyse de ce mélange donnera des nombres différens de ceux de la gomme; nombres qui, en certains cas, détermineront le chimiste à considérer ce mélange comme une substance digne de figurer, sous un nom particulier, dans le catalogue des substances organiques. En variant les mélanges, on pourrait de la sorte porter les mystifications à l'infini. Or la nature se comporte, sous ce rap-

(1) *Voyez* la 2ᵉ édit. du *Nouveau système de chimie organique*. Paris, 1838, 3 vol. in-8.

port, envers l'analyste, comme le mystificateur
se comporterait envers le chimiste non averti.
Elle mêle beaucoup de choses ensemble dans le
creuset de ses organes; elle nous laisse en mêler bien davantage dans nos procédés grossiers
d'extraction; et ces mélanges deviennent, en
certains cas, si intimes, que nous ne saurions
plus en général en soupçonner l'existence, et
que, si nous venions à la soupçonner, il ne serait plus à notre disposition d'en isoler de nouveau les ingrédiens, même les plus faciles à reconnaître, lorsqu'ils sont isolés.

9. L'azote, sur lequel roule la grande distinction des substances ternaires et des substances quaternaires, l'azote échappe à l'analyse, dans une
proportion considérable; car l'analyse élémentaire
n'en signale pas la moindre trace dans la gomme
arabique; et pourtant à la combustion la gomme
arabique répand en abondance une fumée ammoniacale, parfaitement reconnaissable et à l'odorat
et aux papiers réactifs. Or, si dans ce cas l'analyse est surprise en flagrant délit d'inexactitude,
toute la confiance tombe, lorsqu'il s'agit d'admettre tout autre résultat. Si, en effet, sans le
vouloir et sans vous en douter, vous m'avez trompé, évidemment trompé, dans un cas incontesta-
ble; si vous n'avez signalé que la présence de
trois élémens gazeux dans une substance qui pos-

sède pourtant le quatrième, je suis autorisé à croire que ce quatrième vous a échappé de la même manière, dans une foule d'autres cas, et par conséquent à ne considérer aucune des analyses ternaires, comme l'expression évidente par elle-même de la composition intime d'un corps donné ; et dans le cas où vous avez signalé une certaine quantité d'azote, il m'est permis de croire qu'une plus grande quantité encore a pu vous échapper. En effet, une indication qui se trouve en défaut dans un cas, ne saurait être acceptée comme vraie pour tous les autres, sans autre examen.

10. Toute substance, avant d'être soumise à l'analyse, a dû être amenée à un état de dessiccation dont le chimiste est juge ; car l'eau hygrométrique, sans cette précaution, serait comptée au nombre des élémens du corps auquel elle est étrangère. Mais l'analyste s'abuse souvent sur ce point ; et il n'est pas toujours si facile qu'on le pense d'enlever à un corps son eau hygrométrique, sans le dépouiller d'une certaine portion de lui-même ; d'un autre côté, la même substance n'offre pas toujours les mêmes proportions dans la quantité de cette eau de surcroit. Et d'abord suppo-sons que la substance prétendue immédiate que l'on se propose d'analyser, soit un mélange de la substance elle-même, d'eau et d'un sel organique à acide volatil ou d'un sel ammoniacal ; il est évi-

dent qu'en soumettant ce mélange à la dessiccation,
il se dégagera, en même temps que l'eau hygrométrique, une quantité proportionnelle d'acide
volatil ou de base alcaline, quantité que le chimiste placera sur le compte de l'eau étrangère au
corps analysé. Or, avons-nous dit, la gomme arabique nous offre en réalité, un mélange analogue ; la
dessiccation de cette substance la dépouille donc
de certaines substances qui ne sont pas seulement
de l'eau. L'albumine est un mélange bien plu
compliqué encore ; elle abonde en sels ammoniacaux volatils, tels que l'hydrochlorate d'ammoniaque ; après sa dessiccation, elle n'a donc plus
la composition intime, qu'elle avait auparavant.

11. Il est une certaine quantité d'eau hygrométrique, que nous ne saurions enlever à une substance donnée, si ce n'est en altérant la composition
de celle-ci. Car il faut bien admettre qu'entre
deux choses qui s'attirent, il existe une espèce
d'échange de propriétés, qui fait qu'à un certain
point, les deux s'identifient ensemble pour ainsi
dire, et qu'elles deviennent inséparables alors ;
que de même que l'eau en excès dissout la substance, la substance en excès fixera en elle-même
une certaine quantité d'eau. Par une autre conséquence du même principe, plus la dessiccation
approchera de ce terme d'affinité, et moins elle
elle enlevera de l'eau hygrométrique ; la solution,

9

comme la dessiccation, se faisant par progression indéfinie, et les affinités s'exerçant en raison inverse du carré de la distance. Ici se présentera l'arbitraire de la manipulation ; rien n'indiquant à quel degré la substance doit être considérée comme amenée à un état complet de dessiccation ; et le chimiste n'en jugeant plus que par l'aspect pulvérulent de la substance et que par la résistance qu'elle oppose à la trituration ; ce qui est un signe physique et non chimique.

L'expérience a confirmé amplement cette prévision. En effet, Prout, ayant opéré l'analyse élémentaire de l'amidon soumis préalablement 1° à une dessiccation ordinaire ; 2° à une dessiccation de 20 heures par une température de 95 à 100° ; 3° à une dessication de 24 heures à 100°, et pendant six heures à 180°, obtint les trois analyses suivantes :

	Carbone		Eau
1°.	37,5		62,5
2°.	42,8		57,2
3°.	44		56

trois analyses qui ont l'air d'appartenir à trois substances différentes.

12. Or les substances gommeuses et résineuses que nous étudions n'ont pas été soumises au même degré de température, dans toutes les contrées et dans toutes les saisons. La gomme du Sé-

négal, recueillie à la fin de la saison sèche, se
trouvera de la sorte amenée à un état de dessiccation plus grand que la même gomme prise au commencement de la saison ; celle que deux mois
d'un soleil brûlant auront calcinée était moins
aqueuse que celle qui n'aura été exposée qu'à
deux jours de la même température.

13. Jugez maintenant des différences dans les
proportions d'eau que pourra présenter la même
substance, après qu'on l'aura obtenue pure, par
la filière des mille et un procédés employés pour
l'extraire d'un mélange donné ! combien dans
un cas, elle demandera plus de temps que dans
un autre, pour pouvoir être amenée au même état
de dessiccation ! et combien de substances, identiques dans la nature, seront capables de paraître différentes dans le laboratoire, lorsque, dans
l'évaluation des proportions de leurs élémens gazeux, on ne tiendra pas compte de cette variation
hygrométrique.

14. L'azote étant le seul élément que l'analyse élémentaire dégage à l'état d'isolement, et pur
de toute combinaison avec l'oxigène, il semblerait, au premier abord, que sa détermination ne
saurait faire naître le moindre doute ; et pourtant
c'est l'élément qui échappe le plus facilement à
l'analyse ; en sorte que, dans toute analyse, on est
en droit de révoquer en doute, non seulement la

détermination de sa quantité, mais encore la
constatation de son absence. Ce vice fondamental
et qui à lui seul remet tout en question dans les
résultats analytiques, ce vice est inhérent au procédé employé pour la combustion ; et il nous
paraîtrait étonnant que les chimistes ne s'en soient
pas aperçus les premiers, eux qui connaissent
fort bien le fait qui en est la source, si nous n'a-
vions pas eu tant d'occasions de nous convaincre,
que la chimie a plus en vue de multiplier les
faits, que de les rapprocher sous ses yeux, pour
en déduire de nouvelles analogies.

Des expériences directes et positives ont établi
que la plupart des métaux jouissent, à une haute
température, de la propriété d'absorber l'ammoniaque, de se combiner avec ses produits, en
augmentant de volume et de poids et diminuant
par conséquent de densité ; et que le cuivre jouit
éminemment de cette propriété. Or, depuis la
publication du second procédé de Gay-Lussac,
tous les analystes ont employé à la combustion,
non seulement l'oxide de cuivre, pour dégager
l'oxigène comburant, mais encore la tournure
de cuivre, pour diviser la poudre d'oxide, et multiplier les points de contact de l'oxigène et des
gaz combustibles, qui se dégagent à la fois. Nul
d'entre eux n'a tenu compte dans ce cas du ren-
seignement donné par l'expérience ; nul d'entre

eux ne s'est posé cette question : Dans le cas où
la substance soumise à l'analyse renfermerait
de l'azote, le cuivre ne pourrait-il pas absorber
ce dernier élément ? Chacun a continué à admettre en principe qu'une substance dont l'analyse élémentaire ne dégageait pas la moindre
quantité d'azote à l'état gazeux, devait être considérée infailliblement comme étant entièrement
privée de cet élément quaternaire ; et il n'est per-
sonne qui n'ait vu avec quelque embarras les
analyses de Saussure, qui procédait comme Lavoisier, entachées toutes d'un chiffre affecté à
une quantité appréciable d'azote. A ce signe,
Saussure lui-même a, dans les derniers temps,
paru douter de l'exactitude de son procédé, et
admis sans réclamation la supériorité des procédés de ses rivaux en analyse. C'est que la chose
la plus vraie n'est vraie que du jour où l'on est
en état de dire pourquoi. Le pourquoi de cette
anomalie était pourtant écrit en toutes lettres
dans les livres élémentaires; on avait oublié d'y
penser.

15. Et remarquez que, pour que la combinaison
des métaux et de l'ammoniaque ait lieu, il suffit
que l'ammoniaque arrive sur eux par un simple
courant gazeux. Or, dans le tube à combustion
analytique le contact est bien plus intime; il pré-
existe à l'action de la chaleur ; la plus petite mo-

lécule d'ammoniaque ne saurait se dégager, sans
aller se comprimer contre une molécule cuivreuse ; tant la pulvérisation a rapproché les molécules de la substance combustible, de celles de
l'oxide comburant ! Que si la molécule azotée
échappe à l'affinité de cette molécule cuivreuse ,
elle en rencontre des milliers d'autres placées dans
les mêmes conditions favorables, avant de trouver
l'espace libre et inoccuppé. Jugez combien il
faut que la substance combustible soit riche en
azote, pour que l'analyse en recueille sous le
mercure une faible quantité ! En conséquence,
non seulement le procédé analytique ne saurait
fournir les moyens d'évaluer les proportions d'a-
zote ; mais même à lui seul, et avant toute expérience d'une autre nature, nous ne saurions l'in-
voquer, dans le but d'établir que la substance
donnée est privée entièrement d'azote.

Vices de la méthode d'interprétation des résultats analytiques.

16. Les procédés de la combustion, comme
on le comprend par ce qui précède, sont la
source d'erreurs matérielles ; la méthode d'interprétation, qui a servi de base à la manipulation
et de principe à la construction de l'appareil,
n'est en rien conforme à l'esprit de la synthèse ;

elle n'a tenu compte que d'un ou deux des phénomènes principaux, qui surgissent de cette opération. En effet, après avoir obtenu par la combustion un produit gazeux et un produit liquide, et
constaté par deux ou trois essais que le produit
gazeux renfermait ou de l'azote ou de l'acide carbonique, ou un mélange des deux, et que le
produit liquide offrait les caractères de l'eau privée de sels terreux ou d'alcalis; on a établi en
principe que les produits de la combustion n'é-
taient et ne pouvaient être, dans tous les cas, que
de l'eau, de l'acide carbonique gazeux ou de
l'azote. On a pesé le liquide obtenu directement
ou par défalcation, l'acide carbonique directement en le combinant avec la potasse, et on a
déterminé le poids de l'azote par son volume.

Ce calcul serait rationnel si les valeurs étaient
toujours les mêmes; mais il est évident que les
choses peuvent se passer autrement, et que
bien des produits sont dans le cas de se mêler à
l'acide carbonique et à l'eau, sans que le chimiste
s'en aperçoive.

17. Quant à l'eau, dans la liste des précautions propres à constater sa pureté, nous n'en
trouvons qu'une que le chimiste ait suivie. Il
s'assure préalablement que l'eau obtenue de la
combustion ne bleuit ni ne rougit les papiers réactifs; qu'elle n'est ni acide ni alcaline. Mais cela

ne prouve qu'une seule circonstance, qui est que l'eau ne renferme ni acide ni ammoniaque libre ou en excès dans une combinaison saline; mais s'il existait dans l'eau un sel neutre ammoniacal, ce simple essai ne le révélerait pas. Or il est impossible que notre soupçon ne se réalise pas dans le plus grand nombre des cas. En effet, supposez que la substance organique soumise à la combustion possède un hydrochlorate, un acétate, un nitrate d'ammoniaque ; sans doute ces sels se décomposeront en grande partie par la combustion, mais sans doute aussi une grande partie en échappera à la combustion ; ce qui sera admis par tous ceux qui auront cherché à purifier par la distillation gazeuse une subtance quelconque. Ces sels volatils viendront se condenser avec l'eau, qui les dissoudra sans acquérir aucun caractère étranger à sa nature, et sans que même le procédé de la dessiccation ou de l'incinération puisse en révéler la présence. Le poids de ces produits passera donc, par le calcul, sur le compte de l'oxigène et de l'hydrogène.

18. Or nous avons fixé depuis long-temps l'attention sur la grande quantité d'hydrochlorate d'ammoniaque que renferment et l'albumine de l'œuf et la plupart des substances animales et végétales dites azotées ; l'analyse, qui ne se doutait pas de cette forme, sous laquelle l'azote existe dans

ces subtances, en a certainement affecté les combinaisons ammoniacales à quelques uns de ses
résultats.

19. L'eau est capable de dissoudre les huiles
essentielles, même en grande quantité, à l'aide des
sels ammoniacaux et même du sucre ordinaire,
qui devient volatil avec elles ; ce que l'on pourra
constater, en distillant un mélange d'une huile
essentielle la plus pure et du sucre ordinaire. Or,
si l'on soumet à l'analyse une substance organique, dans laquelle le sucre et l'huile essentielle se
trouveront en plus ou moins grande proportion,
il doit paraître probable que, surtout dans les
premiers momens de l'élévation de température
du milieu comburant, l'huile essentielle se dégagera avec ses menstrues, incapable d'être attaquée
et décomposée par le corps comburant, qui n'est
pas encore en ignition ; et ces vapeurs saccharo-
oléagineuses, en se condensant dans le récipient,
y trouveront, dans l'eau également condensée, un
dissolvant capable de les soustraire à l'attention
la plus scrupuleuse du manipulateur.

20. Quant à l'acide carbonique, on a pris
moins de précautions encore. Il a suffi, pour en
déterminer le poids, de l'absorber par de la potasse caustique, et de constater que le résidu, s'il
y en a, est de l'azote. Mais qui ne voit que, par
ce procédé, on est exposé à confondre, avec l'a-

cide carbonique, une quantité notable d'acides hydrochlorique, nitrique et même acétique, trois acides susceptibles de conserver leur état gazeux sous un certain volume? On nous répondra que ces acides auront été décomposés, s'ils existent, dans le tube à combustion. Nous répondrons d'abord que toute la quantité ne saurait en avoir été décomposée au passage, par la raison ci-dessus ; et nous nous en rapportons à cet égard à l'expérience directe. Que l'on imprègne l'oxide de cuivre d'un hydrochlorate ou nitrate ou acétate, que l'on procède à l'égard de ces trois genres de sels, de la même manière qu'à l'égard d'une substance organique, qui doit être soumise à l'analyse élémentaire ; et on se convaincra que, quelque précaution que l'on prenne à diriger la combustion, il s'échappera en quantités appréciables de l'acide hydrochlorique, nitrique et acétique, ainsi que du chlore et de l'acide nitreux. Or, que penser des analyses des substances organiques, riches en hydrochlorates, et chez lesquelles le chimiste n'a pas eu l'occasion de constater, par la combustion, la moindre molécule de chlore ou d'acide hydrochlorique? l'albumine est évidemment dans ce cas ; combien d'autres substances analysées peuvent appartenir à cette catégorie à notre insu ?

21. Il est bien des substances que l'acide carbo-

nique est, pour ainsi dire, capable de rendre ga-
zeuses et d'entraîner avec lui ; les huiles essentielles se l'associent facilement; et une faible
quantité de carbonate d'ammoniaque peut passer, sans être aperçue, sur le compte de l'acide
carbonique. On répondra que l'absorption de la
potasse éliminera tout ce qui n'est pas acide carbonique. Cela n'est vrai ni en théorie ni en pratique. En théorie, il doit paraître évident que
parce qu'un acide a de l'affinité pour une base,
il ne perd pas, d'un seul coup, toutes ses affinités, et que, de même que l'on rencontre des
sels doubles, on peut rencontrer des sels dans
lesquels l'acide aura fait entrer les diverses substances auxquelles il sert de menstrue. L'acide
acétique saturé d'albumine entraîne l'albumine
dans ses combinaisons salines, et ses cristaux al-
bumineux diffèrent, du tout au tout, de ses
cristaux purs de ce mélange. L'acide carbonique
est donc en état d'entraîner, dans sa combinaison
avec la potasse ou tout autre alcali terreux, la
quantité d'huile essentielle qu'il a pu s'associer
pendant la combustion violente. Quant à la pratique, essayez d'imprégner une huile essentielle
d'acide carbonique par la chaleur, ou par la
compression, et, en combinant l'acide avec une
base, il vous sera facile de découvrir dans le sel
la présence de l'huile employée à l'opération.

22. En conséquence, l'analyse élémentaire est exposée à confondre bien des produits divers avec les deux seuls produits dont elle tienne compte; et l'azote lui-même n'est par exempt, peut-être, de ces sortes de recélés.

Inexactitude de la théorie, par laquelle on a déduit la composition intime des corps organisés, des résultats matériels de leur décomposition ignée.

23. La théorie n'a pas fait de grands efforts de calcul, pour formuler la composition intime du corps analysé. Dominée par les erremens nombreux de la chimie inorganique, et habituée à ne voir, dans un sel terreux, que le nombre d'élémens qu'on peut obtenir à part; elle a eu hâte de faire, à l'étude des corps organisés, l'application de cette méthode expéditive. Tant de carbone, tant d'oxigène, tant d'hydrogène et tant d'azote obtenus en poids ou en volume, par la décomposition d'un corps donné, n'ont représenté qu'un corps formé, à la manière des combinaisons brutes et inorganiques, de tant de carbone, de tant d'oxigène, de tant d'hydrogène, et de tant d'azote, condensés sous forme ou liquide ou solide. Nous ne parlons pas ici de la théorie ultérieure qui, du nombre et des quantités res-

pectives de ces élémens, cherche à déduire le nombre de leurs atomes dans la substance. Ce n'est pas ici le lieu de traiter ce sujet *ex professo;* nous renvoyons, à cet égard, *au nouveau système de chimie organique;* mais, en nous arrêtant à la théorie du premier degré, nous allons, il nous semble, en démontrer d'une manière péremptoire l'inexactitude.

24.I l me suffira de citer des corps combinés par nous de toutes pièces, dont, par conséquent, nous connaissons bien la composition intime, et dont pourtant l'analyse élémentaire, non prévenue d'avance, interprétera la combinaison d'une tout autre manière, ou plutôt, tous de la même manière.

25. Sans revenir ici sur les organes, tels que l'amidon, que l'analyse chimique prenait pour des cristallisations, en même temps que la physiologie prenait tant de cristaux pour des organes; ce qui est devenu un de ces points de doctrine, sur lesquels il a bien fallu passer condamnation, et qu'on a fini par inscrire dans les livres classiques, au nombre des vérités démontrées; nous allons nous arrêter aux simples mélanges de choses distinctes et isolément connues, et que la chimie élémentaire prendrait certainement pour des corps immédiats.

26. Mêlez ensemble une solution de gomme

ou de substance soluble d'amidon , un sel neutre à base d'ammoniaque , un sulfate , par exemple , ou bien un savon à base d'ammoniaque, un sel résineux ammoniacal. Si, sans autre avertissement , vous donnez à analyser élémentairement une pareille substance , il est possible que la nature ammoniacale du mélange soit reconnue, soit par la combustion , soit en traitant le liquide concentré par la potasse caustique, et recueillant le produit gazeux sur un papier réactif ; dans ce cas, la substance sera considérée comme azotée et ammoniacale. Mais il est possible aussi que la quantité du sel ammoniacal soit telle, qu'elle échappe à ces deux genres d'investigation, soit par elle-même, soit par la protection des molécules coagulées de la substance gommeuse soumise à ces essais. Que dans l'un et l'autre cas, on ait recours à l'analyse élémentaire, en suivant les procédés généralement adoptés ; le sel ammoniacal qui a pu échapper aux réactifs, n'échappera certainement pas à la combustion ; l'acide, s'il n'est pas décomposable , se reportera sur les bases terreuses de la substance elle-même, ou sur l'oxide de cuivre, pour former un sel capable, en certains cas, de résister à une haute température , un sulfate de chaux ou un phosphate de chaux, un sulfure ou un phosphure de cuivre , si l'acide du sel ammoniacal est l'acide sulfurique

ou phosphorique; l'ammoniaque se décompo-
sera en azote et en hydrogène , et l'hydrogène ,
rencontrant l'oxigène à l'état de gaz naissant , se
transformera en eau , qui ira grossir la quantité
provenant de la décomposition de la substance
organique elle-même. Le chimiste recueillera à
la fois les produits provenant de cette double
origine ; l'hydrogène de l'ammoniaque sera mis
sur le compte de l'hydrogène de la substance , et
son azote constituera l'élément quatrième d'un
composé dit quaternaire et d'une substance immédiate dite azotée.

27. Cette hypothèse est une réalité journa-
lière. La gomme arabique , avons-nous dit , qui
est si riche en un sel indéterminé , à base d'ammoniaque , ne fournit point d'azote à l'analyse
élémentaire , ce qui vient de l'ordre de considérations ci-dessus exposées ; mais l'albumine riche en hydrochlorate ammoniacal, mais l'albumine riche en hydrosulfate de la même base ,
l'analyse élémentaire n'en a retrouvé ni l'acide
hydrochlorique , ni l'acide hydrosulfurique , ni
le soufre , ni l'ammoniaque, qui leur sert de
base. Mais le cerveau, si riche en phosphate d'ammoniaque , l'analyse élémentaire n'en a retrouvé
ni l'ammoniaque , ni l'acide phosphorique , ni le
phosphore que l'incinération obtient à l'état de
liberté ; et tout s'est réduit pour elle , à l'égard

de ces deux substances, à deux combinaisons quaternaires de carbone, d'oxigène, d'hydrogène
et d'azote, en diverses proportions. L'analyse
élémentaire ne saurait être prise en plus flagrant
délit d'inexactitude, dans l'interprétation théorique de ses résultats.

28. Un mélange de gomme et d'albumine
soit végétale, soit animale, formera certainement, en passant par la filière de l'analyse, une
substance *sui generis;* plus azotée que la gomme,
plus riche en carbone que l'albumine; et donnant à la théorie atomistique une formule d'un
caractère spécial.

29. Associons ensemble de l'huile fixe ou essentielle, avec le sucre; nous aurons, dès ce moment,
une combinaison dont aucun réactif connu ne sera
dans le cas d'isoler et de rendre à leur première
forme, les deux élémens. A l'analyse élémentaire,
cette association offrira tous les nombres nécessaires pour introduire au catalogue une substance
nouvelle, plus riche en oxigène que l'huile,
plus riche en carbone que le sucre, et dont les
trois élémens varieront dans leurs proportions,
en raison des quantités pour lesquelles le sucre
et l'huile rentreront au mélange.

30. Ces deux ou trois exemples suffiront, je
pense, à la démonstration, et nous renverrons,
pour de plus grands développemens, à la deuxiè-

meédi tion du *nouveau système de chimie organique*, où nous reproduisons, par l'hypothèse
des mélange sles nombres des substances analysées, sur la simplicité desquelles la chimie n'a jamais élevé le moindre doute ; et là nous croyons
avoir établi, aux yeux des esprits philosophes,
qu'il n'existe qu'un seul acide végétal ou non azoté,
qui est l'*acide carbonique*, lequel en s'associant
à une certaine quantité d'huile essentielle forme
l'acide acétique, à une certaine quantité d'oxide
de carbone, l'*acide oxalique;* deux acides qui, en
se combinant avec de l'huile essentielle ou autre
corps, forment tous les acides les mieux accrédités,
au catalogue. Il est inutile de reproduire ici les
calculs et la démonstration ; dans l'intérêt de la
question que nous avons à traiter ici, il nous suffira d'avoir signalé la loi générale.

Le nouveau procédé analytique dont la science
est redevable au docteur Liebig, et qui se
trouve exposé dans la première partie de
cet ouvrage, peut-il fournir des résultats en-
tachés de moins d'inexactitude?

31. Malgré toute la réserve que doit nous
inspirer notre position de critique, nous sommes
forcés de soutenir que bien au contraire, le procédé
de Liébig est le moins propre de tous les procédés

précédemment employés, à inspirer sur les résultats une sécurité quelconque ; et nous regret-
tons qu'il offre tant de facilité à la manipulation ;
car sous ce rapport c'est un appât de plus jeté à
ces nullités scientifiques qui ne manquent jamais
d'exploiter, à leur profit et au détriment de la
science, tout sujet de publication qui n'exige ni
trop de patience ni trop d'habileté.

32. Dans les procédés anciens, on recueillait
l'eau à l'état liquide, et l'acide carbonique à l'état
gazeux. On les distinguait à la vue, avant de les
peser ; l'odorat et les réactifs pouvaient, jusqu'à un
certain point, être invoqués pour la détermination
de leur pureté ; et, on le sait, les caractères phy-
siques sont bien souvent des signes de la composition intime d'un corps. Dans le procédé de Liebig
tout échappe à la vue, tout se rend à sa destination *incognito*, et sans que l'observateur puisse en
être d'avance averti. Le chlorure de chaux absorbe l'eau au passage ; et la potasse liquide, l'a-
cide carbonique gazeux ; l'azote seul, s'il s'en
trouve, franchit ces deux obstacles.

33. Examinons si le chlorure et la potasse
de l'appareil laisseraient passer, aussi facilement
que l'azote, tout ce qui, parmi les produits de la
combustion élémentaire, ne serait ni de l'eau ni
de l'acide carbonique.

34. On aurait tort de croire que la propriété

absorbante du chlorure de chaux soit consacrée
exclusivement à fixer les molécules aqueuses ; les
corps poreux, on le sait, absorbent tous les liquides et condensent tous les gaz ; pourquoi le
chlorure de chaux pulvérisé ne jouirait-il pas des
mêmes avantages ? Mais s'il est un liquide, après
l'eau, que le chlorure de chaux soit capable de
fixer, c'est certainement le liquide oléagineux ; et
il est facile de s'en assurer par l'expérience directe.
Si donc il se dégage un produit oléagineux pendant l'acte de la combustion, rien n'en avertira
l'observateur, tant que la quantité dégagée ne
dépassera pas les limites de la faculté d'absorption ;
et le poids de ce nouveau corps, sera mis sur le
compte de l'eau elle-même, quand on placera sur
le plateau de la balance le tube à chlorure.

35. Mais que sera-ce si l'eau qui se dégage se
trouve imprégnée d'un phosphate, ou nitrate,
ou sulfate ammoniacal, d'acide phosphorique,
sulphurique ou sulfureux libre ? Dans les cas de la
première catégorie, il s'opérera des doubles décompositions, qui resteront fixes comme l'eau
elle-même ; dans le second cas l'acide dégagé sera
capable de s'emparer de la chaux du chlorure,
d'en dégager le chlore en acide hydrochlorique,
qui ira grossir le poids de l'acide carbonique dans
l'appareil à potasse.

36. Quant à l'appareil à potasse destiné à

recueillir l'acide carbonique, il est évident que, par la même occasion, la potasse se combinera avec tous les acides éliminés qui auront pu échapper au tube du chlorure et ne pas s'y fixer en même temps que l'eau ; ce point n'a pas besoin de preuve, s'il est établi qu'il se dégage un acide; or, nous avons ci-dessus énuméré les cas où cela doit avoir lieu, et ces cas sont susceptibles de varier à l'infini les circonstances de l'illusion. Il sera facile à chacun de les reproduire de toutes pièces, en associant ensemble des substances de diverse composition : par exemple faites un mélange intime d'un hydrochlorate avec la substance combustible, et après la combustion, vous retrouverez certainement un hydrochlorate de potasse dans l'appareil à potasse destiné à recueillir l'acide carbonique.

37. Liébig a prévu un cas de ce genre, page 46; en ces termes : « *Dans la combustion des substances qui contiennent du chlore, la détermination de l'hydrogène devient inexacte ; parce que le chlorure de cuivre qui se produit est volatil, et qu'on ne peut par aucun moyen, empêcher qu'il s'en dépose une certaine quantité dans le tube a chlorure de calcium.* » Et cette prévision s'est trouvée stérile, parce que l'analogie n'est pas venue la généraliser. Cela s'est borné à désespérer d'un cas particulier, au lieu de porter

l'auteur à envelopper hardiment tous les autres
cas dans le même doute. Il s'est occupé de l'influence du chlore sur l'incertitude des déterminations, après avoir eu l'occasion de constater que
la substance combustible soumise à ses essais renfermait du chlore d'une manière trop appréciable;
et il ne s'est pas demandé s'il ne pourrait pas arriver que le chlore se trouvât à son insu et en
moins grande quantité dans les autres substances
qu'il se proposait d'analyser. C'est que la chimie
analytique semble aujourd'hui avoir fait divorce
avec la philosophie chimique ; que l'on marche à
tâtons dans le laboratoire, se guidant pour ainsi
dire plus à la lueur des fourneaux qu'à la lumière;
donnant au dosage et au pesage plus d'importance
qu'à l'induction, qui seule peut équilibrer ces
deux opérations matérielles.

38. Nous terminerons cet article par cette
question adressée aux analystes; elle résume
tout ce que nous avons dit plus haut : « Dans les
analyses du gluten, de l'albumine, de la masse
cérébrale, par exemple, qu'est devenu le chlore
et l'azote des hydrochlorates terreux et ammoniacaux qui abondent dans ces tissus? Si vous avez
perdu de vue ces produits dans ces cas incontestables de leur existence au mélange, ces produits
ont pu se trouver dans une foule d'autres substances,
chez lesquelles nous ne les avons pas encore de-

vinés; et sous ce rapport un vaste doute plane sur le plus grand nombre des formules analytiques.

Revue critique des diverses précautions signa- lées par l'auteur, comme capables de servir de garantie à l'exactitude des résultats obte- nus par l'emploi de l'appareil décrit dans cet ouvrage.

39. Tous les analystes ont senti l'impor- tance qu'il y a de tenir la substance combustible à l'abri de l'humidité atmosphérique, après l'avoir amenée au plus grand état possible de dessiccation; tant leur a paru grande l'avidité de ces substances à reprendre l'eau que leur a sous- traite la dessiccation.

40. L'auteur propose à ce sujet le procédé qu'il a décrit page 14, et qui ne diffère de ceux employés successivement par les divers chimistes, qu'en ce que le courant d'air sec est déterminé par l'écoulement de l'eau, qui fait obstacle à l'air purgé d'humidité, en traversant un tube rempli de chlorure de chaux. Nous sommes loin de croire que ce procédé l'emporte sur les autres; et nous avons signalé plus haut (11) l'impuis- sance des autres pour arriver à un résultat com- plet. Si en effet la substance combustible est aussi avide d'eau que le démontre l'expérience

directe, il est évident qu'elle retiendra avec la même avidité l'eau qu'elle aura préalablement absorbée. Or, l'air qui ne traverse la substance qu'en obéissant au mouvement du liquide inférieur, ne saurait posséder une propriété dessiccative aussi puissante que le vide, alors même qu'on activerait le courant par la chaleur du bain-marie; et nous sommes sûrs qu'on trouvera une différence notable de poids à la même substance, selon qu'on l'aura desséchée par ce procédé ou par celui de la pompe à air.

41. A la page 15 se trouve la contre-épreuve de ce procédé de dessiccation. Il consiste à s'assurer du moment où la substance ne change plus de poids, et à voir ensuite si, exposée à la température d'un bain de sable dans une éprouvette, les parois de celle-ci ne se couvrent pas de gouttelettes. Or, combien de temps assignera-t-on à la durée de ce double essai? c'est ce qu'aucune expérience directe ne saurait indiquer avec précision; car la dessiccation est une progression de plus en plus décroissante, et dont les termes deviennent de plus en plus infiniment petits. Moins les quantités d'eau à éliminer sont considérables, et plus il est difficile d'en constater l'élimination; d'un autre côté, moins elles sont considérables, et plus la substance les retient avec opiniâtreté, et moins elle en laisse échapper à une époque don-

née ; Prout en a signalé un exemple frappant
dans l'analyse de l'amidon (11). Il est donc probable que, par la contre-épreuve de l'auteur, une
substance sera capable de ne pas laisser dégager
une seule gouttelette d'eau, quoiqu'elle en renferme des quantités appréciables ; et il nous semble que pour toutes les substances, de quelque
nature qu'elles puissent être, il vaudra mieux avoir
recours à l'ancien procédé, auquel l'auteur est
forcé de revenir, à l'égard des substances qu'il
signale, comme ayant la propriété de retenir l'eau
avec une grande opiniâtreté ; car il n'est pas facile de constater d'avance quelles sont à cet
égard les substances plus avides d'eau que les
autres, et l'auteur lui-même serait fort embar-
rassé de nous donner la liste arrêtée de celles qu'il
range dans cette catégorie.

42. S'il est difficile d'enlever toute son eau
hygroscopique à la substance combustible, il
l'est peut-être davantage de dépouiller l'oxide de
cuivre comburant, de l'eau que, pendant la mix-
ture, il aura pu absorber, les oxides, en effet
s'hydratant encore plus que certains sels ; et l'eau
hygroscopique ayant peut-être déjà servi de véhi-
cule aux combinaisons ou aux doubles décompositions des sels contenus dans la substance organique, avec l'oxide de cuivre qui se mélange à
elle molécule à molécule, et pour ainsi dire, ato-

me à atome par la pulvérisation. Cette réflexion
s'applique au moyen de dessiccation de la page 19.

43. Il est dans les modifications apportées
par l'auteur à l'appareil du tube à combustion,
une pièce dont la préférence se rattache à cet ordre de considérations; c'est la jonction du tube
à combustion avec le tube à chlorure au moyen
d'un bouchon de liége (pag. 22, 63 et 64). Berzelius se servait du caoutchouc à la place du liége,
mu en cela par l'idée que le liége, en s'échauf-
fant, dépose dans le tube à combustion l'eau
qu'il a soutirée à l'air. Ce motif est la traduction
à rebours de ce qui doit se passer, si le bouchon de liége est par ses parois perméable à la
vapeur d'eau. En effet, une lame de liége, si elle
est échauffée, doit laisser passer les fluides qui
la traversent, du milieu qui s'échauffe dans le milieu refroidi, plutôt que du milieu refroidi dans
le milieu qui s'échauffe; la théorie des machines
à vapeur est là pour démontrer cette hypothèse;
et l'auteur a raison, quand il assure que, par
une expérience speciale, il a reconnu que le tube
à chlorure de calcium n'augmente pas de poids,
quand on chauffe le liége préparé selon sa méthode.

44. Mais ce à quoi les deux auteurs n'ont pas
prêté leur attention, c'est que, si le liége ne
laisse pas passer l'eau du dehors, il peut s'imbi-

ber de l'eau du dedans et s'imprégner des divers
acides que la combustion est dans le cas de dégager ; et que, si le produit de son échauffement
n'augmente pas le poids du chlorure, son propre
poids peut augmenter par suite de l'échauffement
du tube à combustion. S'il est, en effet, une
substance avide d'eau et de gaz de toute espèce,
c'est certainement le liége des bouchons ; l'expérience directe le démontre péremptoirement. Si
donc, le bouchon n'influe pas en plus sur le résultat analytique, il peut influer en moins ; et, sous
ce rapport, les tubes en caoutchouc me parais-
sent infiniment préférables.

45. Mais, sous un autre rapport, ces deux
moyens d'union offrent un inconvénient de même
nature ; et le liége, par la chaleur, ne laisse pas
moins dégager que le caoutchouc, des produits
oléagineux volatils, qui doivent se réunir aux
produits de la combustion de la substance organique ; soumettez, en effet, le liége le mieux
préparé d'avance et le caoutchouc, au même degré
de chaleur, pendant le même espace de temps,
dans une éprouvette en verre ; et vous ne tar-
derez pas à voir les parois de l'éprouvette se
couvrir de gouttelettes condensées, dès que vous
laisserez refroidir l'appareil.

46. Le discrédit que jette le paragraphe
de la page 52 sur le verre blanc ou vert de

France, pour la confection des tubes à combustion, ne saurait s'appliquer qu'aux qualités de verre que l'auteur a eues à sa disposition ; ces qualités variant nécessairement selon les procédés de fabrication de nos verreries. Il paraît qu'en France on s'est très-bien trouvé, dans les analyses élémentaires, de l'emploi de notre verre vert à bouteilles.

47. Après les divers articles concernant les moyens de vérifier l'exactitude d'une expérience, nous voyons l'auteur décider des limites que peuvent atteindre les erreurs inhérentes aux divers procédés. Ainsi, page 54, la détermination du carbone est présentée comme étant exposée à une erreur en plus ; page 60, le même genre d'erreur affecte la détermination de l'hydrogène ; puis l'azote est exposé à de plus grandes divergences en se mêlant au bioxide d'azote (page 72). L'auteur fournit les moyens de contrôler les expériences, et de constater la portée de l'erreur, par tout autant de contre-preuves spéciales. Mais, si l'on soumet au raisonnement, la filiation de ces preuves et contre-preuves, on verra qu'elle se réduit à un cercle vicieux, dont le point de départ est arbitraire et idéal, et peut varier au gré de quiconque recommencera l'expérience. Vous contrôlez une expérience par d'autres, dirigées d'après le même principe ? Si

le principe est équivoque, où se trouvera l'expérience vraie et l'expérience fausse! Où est le fait,
où est la preuve? Si vous obtenez la preuve et
la contre-épreuve à la filière du même procédé,
et que ce procédé soit entaché radicalement d'i-
nexactitude , la contre-épreuve n'échappera pas
plus à l'accident que la preuve première.

48. Si la dénomination de cercle vicieux est susceptible d'être appliquée à l'une de ces déterminations, c'est principalement au cas, où la chimie
a recours à la théorie, pour contrôler une expérience, qui, elle-même, est destinée à servir de
base à la théorie (page 57, 60, etc.). « On sait,
dit l'auteur, avec une certitude suffisante, que le
poids atomique de l'amygdalate de baryte est de
6738,829. La théorie indique que le carbone
s'y trouve pour 163,7 , tandis que l'expérience
n'en constate, en trois analyses, que 163,8 ,
163,5 , 163,3 , dont la moyenne est 163,53 ;
différence 0,17. » Mais d'abord, la moyenne
d'un plus grand nombre d'expériences n'aurait-
elle pas élevé ou abaissé indéfiniment cette différence? Deux chimistes différens auraient-ils obtenu exactement les mêmes nombres chacun à
chacun, eux, dont les résultats analytiques varient si énormément dans les nombres entiers,
souvent même dans la première tranche de chiffres? ensuite, où est la certitude que la théorie a

raison contre les données de l'expérience? Les
bases de la théorie sont-elles si bien arrêtées,
que ses formules soient l'expression indubitable
des faits? Ne la voyons-nous pas se modifier entre
les mains de tout le monde! se prêter à toutes les
vues hypothétiques? faire voir à celui-ci un poids
moitié moindre qu'à l'autre, dans le carbone,
dont l'atome, selon les uns, peserait 38,24, et
selon les autres, 76,48? Une contre-épreuve ne
doit varier en aucune façon, pas plus qu'un étalon
légal de poids et de mesure. Pour nous, ces considérations théoriques, nous ont toujours semblé
des jeux d'esprit, qui font plus de plaisir à voir
qu'à adopter, et qui sont plus saillantes sur le papier, que réelles dans la nature. Aujourd'hui,
nous sommes en mesure d'en démontrer la complète aberration. Nous sommes encore forcés de
renvoyer, sur ce sujet, à la 2ᵉ édition du *Nouveau
système de chimie organique;* nous nous conten-
terons de faire ressortir l'arbitraire auquel la
théorie se livre dans la détermination du nombre des atomes; et nous nous servirons, pour
exemple, de la détermination contenue à la page
104, qui est celle des atomes du sucre de canne.

49. Pour transformer les chiffres de la pesée
en formules atomistiques, la théorie a recours à
la formule des densités $\dfrac{P}{D} = v =$ atome, c'est-à-

dire que le poids d'un élément, divisé par le poids théorique de son atome, donne son volume ; et du rapport des volumes des élémens qui rentrent dans une combinaison, elle déduit le nombre des atomes de chacun d'eux. Ainsi, le poids théorique de l'atome de carbone étant 76,437, celui de l'atome de l'hydrogène étant 6,2398, et celui de l'atome d'oxigène étant 100, si l'analyse élémentaire a fourni 42,301 de carbone, 6,454 d'hydrogène, 51,501 d'oxigène, nous n'aurons qu'à diviser les chiffres de l'analyse par les chiffres respectifs de la théorie, pour obtenir des nombres qui établiront, d'après ce système, les rapports de volume ou d'atomes indivisibles. Nous aurons alors 0,553 pour le rapport en volume du carbone, 1,034 pour celui de l'hydrogène, et 0,515 pour celui de l'oxigène. Si ces rapports étaient exprimés en nombres entiers, la théorie les accepterait comme l'expression du nombre des atomes ; mais ils sont fractionnaires, et l'atome est censé indivisible et incapable de se fractionner. Dès ce moment il faut avoir recours à des rapprochemens d'un autre genre, pour transformer ces nombres fractionnaires en nombres entiers. Ici tout est arbitraire ; on dit : le nombre des atomes d'oxigène est à celui des atomes de carbone, comme 0,515 : 0,553 ; on cherche alors un troisième terme quelconque,

11 par exemple, et on se demande $0,515 : 0,553 :: 11 : x$. Mais le calcul donnerait encore ici de malheureux nombres fractionnaires : $x = 11,811$. Pour obtenir un quatrième terme entier, on élève 11,811 à 12, c'est-à-dire que la théorie se trouve envers l'expérience en débet de 0,189, ce que l'on néglige. D'un autre côté on croit s'apercevoir que le chiffre affecté à l'hydrogène est double de celui de l'oxigène, ce qui n'est pas plus vrai que ci-dessus ; la différence pour obtenir cet accord parfait étant 0,004, quantité moins importante que la première. En admettant 11 pour l'oxigène, on doit alors avoir 22 pour l'hydrogène ; et le sucre de canne se trouve ainsi représenté par la formule $c^{12} h^{22} o_{11}$; c'est-à-dire que cette substance est dès ce moment considérée comme une combinaison de 12 atomes de carbone, 22 atomes d'hydrogène et 11 atomes d'oxigène.

50. Mais si, au lieu de placer le chiffre 11 au troisième terme, on avait pris arbitrairement un tout autre chiffre, on aurait, en vertu de la même licence, et en forçant plus ou moins les rapports, obtenu une formule différente ; et la substance aurait pu être tout aussi bien représentée par $c^{24} h^{44} o^{22}$; $c_{36} h^{66} o^{33}$, etc., que par la formule ci-dessus, c'est-à-dire que la même substance pourrait résulter de tous les multiples d'un nombre une fois admis. Cela est absurde et contraire à

toutes les idées que nous avons de la composition des corps. Cela est arbitraire et contraire à ce principe fondamental dans les sciences d'observation, que la nomenclature doit être basée sur des lois constatées, et non sur des caprices plus ou moins heureux. Or, quand une méthode est entachée de deux contradictions semblables, elle cache un vice réel qu'il ne reste plus qu'à déterminer; nous croyons avoir trouvé le joint par lequel elle est en défaut (*).

La théorie, en cette circonstance, a fait une grande faute de calcul, en confondant les rapports des termes d'une proportion avec la valeur intrinsèque de ces termes, semblable à l'arithméticien qui, après avoir posé la progression suivante, 2 : 4 : 8 : 16 : 32 : 64, etc., soutiendrait que 2 = 4 ou 8 ou 16 ou 32, *ad libitum*.

51. La théorie atomistique est partie du principe que les rapports de volume donnaient les rapports des nombres d'atomes : c'est le contraire qui est vrai. C'est le poids qui doit être substitué au volume pour indiquer, non pas le poids de l'atome, mais le nombre d'atomes d'un élément qui entrent dans la combinaison d'une substance. S'il en est ainsi, comme la simplicité

(*) Voy. le journal *l'Expérience*, n° 19, 5 février 1838, et la deuxième édition du *Nouveau système de Chimie organique.*

de la démonstration ne laisse pas à cet égard le moindre doute, toute la théorie atomistique tombe de plein droit et doit faire place immédiatement à une autre ; c'est ce qui nous dispensera de pousser plus loin l'examen détaillé de toutes les méthodes d'évaluation décrites dans le reste du traité qui précède.

RÉSUMÉ.

52. On nous demandera sans doute si, de nos considérations critiques et expérimentales, il résulte que l'on doive irrévocablement proscrire de la science, les résultats de · l'analyse élémentaire des corps organisés. Nous répondrons qu'il y aurait mauvaise foi à tirer ce corollaire de ce qui précède ; nous reconnaissons au contraire que l'analyse élémentaire, même avec tous ses défauts et toute son impuissance, est capable de mettre l'observation et la théorie sur la voie d'une foule d'analogies qui nous échapperaient sans le concours de ce procédé ; et nous plaçons l'impulsion donnée à cet égard par Lavoisier, au nombre des événemens qui ont le plus contribué aux progrès de la science organique. Mais en même temps nous croyons n'avoir pas été peu utile aux études actuelles, en avertissant les analystes de l'impuissance de ce procédé à révéler toute la vérité, et de la témérité qu'il y a de tra-

duire ses résultats en formules invariables, et de les
accepter comme l'expression de la composition
intime des corps. A Lavoisier la découverte ; à la
théorie atomistique l'abus ; à l'époque actuelle la
réforme de l'abus est le progrès de la découverte.
Et en ce cas, comme en beaucoup d'autres, le
premier pas de la réforme consistera à revenir au
point de départ, qui est toujours le plus proche
de la nature, à revenir au procédé de Lavoisier
modifié selon les besoins de l'analyse, et à brûler
les corps dans le gaz oxigène, sans aucun contact
immédiat avec aucun autre corps, en ayant soin
de ne jamais perdre de vue l'étude comparative
et analogique des cendres et des produits gazeux.

Dégagez, par la chaleur, l'oxigène comburant;
mais qu'il arrive gazeux et seul en contact avec
la substance combustible, puis avec ses produits
éliminés incomplétement par le feu. Poursuivez,
sans vous lasser, avec une bulle de gaz comburant à l'intérieur, et la flamme de la lampe à l'extérieur, les produits oléagineux et encore combustibles, jusqu'à ce que chacune de ces gou-
telettes se résolve définitivement en gaz ou en eau;
et cela au moyen d'un tube coudé autant de fois
qu'il paraîtra nécessaire, pour que les produits se
réunissent, après chaque combustion particulière,
au haut d'un coude, et puissent y être de nouveau et immédiatement soumis à l'action du feu,
dans une atmosphère d'oxigène, sans que vous ayez

besoin en rien de déplacer l'appareil et d'interrompre l'expérience. Voilà le programme réduit à sa plus simple expression ; celui qui l'exécutera et le modifiera d'une manière heureuse, aura marqué une troisième époque dans l'histoire de l'analyse élémentaire. Il pourra, dès-lors, construire, car il aura beaucoup renversé.

53. Jusque-là nous inviterons les chimistes à ne regarder les résultats de l'analyse élémentaire que comme un des nombreux renseignemens sur lesquels se base l'induction de l'analogie ; et les analystes, à supprimer définitivement toutes les décimales de leurs résultats, espèce de luxe qui allonge le calcul, masque les rapports, et affiche la prétention d'une précision impossible à atteindre. Qu'ils commencent par trouver un moyen de tomber d'accord entre eux, sur la tranche de chiffres qui précède la virgule, avant de nous étaler en millièmes, leurs divergences, dans la tranche qui suit.

54. Sans aucun doute, les chimistes, qui répèteront les expériences de Liébig, en se servant de l'appareil et des procédés décrits dans cet ouvrage, obtiendront des résultats qui s'éloigneront peu de ceux de l'auteur. Mais jamais il ne leur arrivera de les obtenir identiques. Et s'ils changent d'appareil ou qu'ils modifient le moins du monde les procédés, leurs résultats nouveaux s'éloigneront d'autant plus des premiers, que les modifications auront été plus radicales.

EXPLICATION DES PLANCHES.

PLANCHE I.

Fig. 1. A, tube rempli de la substance combustible à dessécher. — *c*, tube rempli de chlorure de chaux qui s'unit, par un bouchon de liége, avec la branche *b* du tube A, (pag. 14).

Fig. 2. Appareil de dessiccation de la substance à analyser. — *c*, tube à chlorure de chaux par lequel entre l'air, qui doit traverser le tube *a* rempli de la substance; celui-ci est tenu plongé dans un bain-marie. — *d*, tube qui unit, par un coude, le tube de la substance avec le flacon dans lequel plonge le siphon (*e a*), lequel, en déterminant l'écoulement de l'eau, détermine le courant d'air dessiccateur (pag. 14).

Fig. 3 et 6. Éprouvette destinée à reconnaître si la substance exposée à la chaleur contient encore de l'eau hygroscopique (pag. 15).

Fig. 4. Appareil analogue à celui de la fig. 1, mais où le flacon en verre est remplacé par un vase en fer-blanc (pag. 16).

Fig. 5. Pompe à air pour dessécher les substances très-avides d'eau (pag. 16).

Fig. 7. Pompe à air pour purger l'oxide de cuivre de l'humidité atmosphérique qu'il a pu absorber pendant qu'on le transporte dans l'appareil à combustion (pag. 19).

Fig. 8. Tube à chlorure de chaux de l'appareil à combustion (pag 21).

Fig. 9. Tube à combustion uni au tube précédent (pag. 22).

Fig. 10. Appareil à combustion de Berzélius (pag. 22).

Fig. 11. Appareil en verre renfermant la solution de potasse destinée à recueillir l'acide carbonique (pag. 23 et 35).

Fig. 12. Méthode pour fabriquer au chalumeau les boules de ce tube à potasse (pag. 23).

Fig. 13. Méthode pour couder ce tube (*ibid*).

Fig. 14. Méthode pour emplir ce tube de solution de potasse (pag. 24).

Fig. 15. Fourneau spécial pour la combustion (pag 26).

Fig. 16. Détails de cet appareil (*ibid*).

Fig. 17. Tube à combustion, sur lequel la figure indique par des points, les espaces qu'occupent la couche d'oxide pur, le mélange d'oxide et de substance, et puis la couche d'oxide pur (pag. 29).

Fig. 18. Appareil à combustion complet. — *a*, tube à combustion dans le fourneau. — *g*, écran. — *e*, brique mobile. — *f*, coin destiné à élever la partie postérieure de la brique mobile. — *b*, tube à chlorure de chaux. — *c*, union de ce tube avec l'appareil à potasse (*m*, *p*). — *s*, morceau de liége destiné à élever la partie *r* de l'appareil à potasse (pag. 26, 34, 55 et fig. 19 pl. II).

Fig. 19. Instrument propre à aspirer l'air (pag. 31).

Fig. 20. Ecran en forte tôle, marqué *g* sur l'appareil de la fig. 18 (pag. 32).

Fig. 21. Disposition de l'appareil (fig. 18), après la combustion, pour aspirer l'air qui peut être resté dans les tubes (pag. 36 et 55).

Fig. 22. Cisailles pour couper la pointe du tube à combustion (pag. 36).

PLANCHE II.

Fig. 1. Méthode pour souffler des ampoules destinées à contenir les substances volatiles combustibles (pag. 39).

Fig. 2. Tube de verre destiné au pesage de l'oxide de cuivre (pag. 41).

Fig. 3 et 4. Manière de former et d'introduire les ampoules dans le tube à combustion (pag. 41).

Fig. 5. Disposition des ampoules dans le tube à combustion (pag. 41 et 42).

Fig. 6. Tube cylindrique pour le pesage de la substance à analyser (pag. 17 et 44).

Fig. 7. Petit bateau propre au même but (pag. 45).

Fig. 8. Appareil pour les substances azotées (pag. 70).

Fig. 9. Cylindre plein de mercure pour le dosage de l'azote (pag. 73).

Fig. 10. Pipette pleine de potasse , pour le dosage de l'azote par l'appareil précédent (pag. 73).

Fig. 11 et 12. Appareils pour contrôler quantitativement le dosage de l'azote (pag. 76 et 81).

Fig. 13. Pompe à main pour expulser l'air atmosphérique du tube à combustion, dans les analyses des substances azotées (pag. 85).

Fig. 14. Tube à trois branches de l'appareil précédent (pag. 85).

Fig. 15. Support destiné à maintenir le tube A de l'appareil à purger d'air, *fig.* 13 *a* (pag. 85).

Fig. 16. Petit matras destiné à renfermer les liquides volatils dont on veut peser la vapeur (pag. 109).

Fig. 17. Bain-marie pour réduire en vapeur la substance à examiner (pag. 111).

Fig. 18. Support du ballon que l'on veut remplir de la vapeur d'un corps (pag. 111).

Fig. 19. Appareil à potasse , de grandeur naturelle (pag. 31, 35 et 38). — o. Ouverture qui doit communiquer avec le tube à chlorure de calcium (fig. 8, pl. 1). — p. Ouverture qui doit communiquer avec le tube d'aspiration (fig. 19, pl. 1). — m. Grande boule. —

N. Petite boule. — *m.* Branche de la grande boule. — *n.* Branche de la petite boule. — s. Partie de l'appareil qu'un support quelconque soulève d'un demi-pouce, pendant la combustion. — ααα. Niveau de la liqueur alcaline dans l'appareil, avant l'expérience. — ββββ. Niveau de cette liqueur, après qu'on a aspiré un peu d'air par l'ouverture P, afin de voir si toutes les communications sont bien bouchées. — γγγγ. Hauteur du liquide, après la combustion. — δδδδ. Hauteur du liquide, après la rupture de la pointe du tube à combustion.

ERRATA.

Page 15, ligne 11, fig. 3, *lisez :* fig. 3 et 6.
Page 17, ligne 13, pl. Ire, *lisez :* pl. II re-;
Page 26, ligne 25, fig. 6, *lisez :* fig. 16.

FIN.

TABLEAU POUR LE CALCUL DES RÉSULTATS ANALYTIQUES.

AZOTE.

CARBONE.

CHLORE.

HYDROGÈNE.

SOUFRE.

Acide carbonique	C O²	
Acide chlorhydrique	H Cl	
Acide sulfurique	S O³	
Ammoniaque	N² H⁶	
Argent	Ag	
Baryte	Ba O	
Carbonate de baryte	Ba O, C O²	
Carbonate de chaux	Ca O, C O²	
Chaux	Ca O	
Chlorure d'argent	Ag Cl	
Chlorure de potassium	K Cl	
Eau	H O	

Oxide de cuivre	Cu O	
Oxide de plomb	Pb O	
Plomb	Pb	
Sulfate de baryte	Ba O, S O³	
Sulfate de chaux	Ca O, S O³	
Sulfate de potasse	K O, S O³	
Sulfate de plomb	Pb O, S O³	

Trouvé	Cherché	1	2	3	4	5	6	7	8	9
Acide carbonique	Carbone									
Acide chlorhydrique	Chlore									
Argent	Oxide d'argent									
Azote	Acide nitrique									
Azote	Oxygène									
Carbonate de baryte	Acide carbonique									
Carbonate de baryte	Baryte									
Carbonate de chaux	Acide carbonique									
Carbonate de chaux	Chaux									
Carbone	Oxygène									
Chlorure d'argent	Acide chlorhydrique									
Chlorure d'argent	Argent									
Chlorure d'argent	Chlore									
Chlorure d'argent	Oxide d'argent									
Chlorure de potassium	Chlore									
Chlorure de sodium	Chlore									
Eau	Hydrogène									
Eau	Oxigène									
Oxide de plomb	Oxigène									
Oxide de plomb	Plomb									
Plomb	Oxide de plomb									
Sulfate de baryte	Baryte									
Sulfate de baryte	Soufre									
Sulfate de chaux	Chaux									
Sulfate de potasse	Potasse									

Nom des Gaz	Pesanteur spéc.	Poids absolu en grammes (à 0° C, et 0,76 de hauteur barométrique), de 1000 à 9000 centimètres cubes								
		1000	2000	3000	4000	5000	6000	7000	8000	9000
Acide carbonique	1,52400									
Air atmosphérique	1,00000									
Azote	0,97600									

Pl. 1.

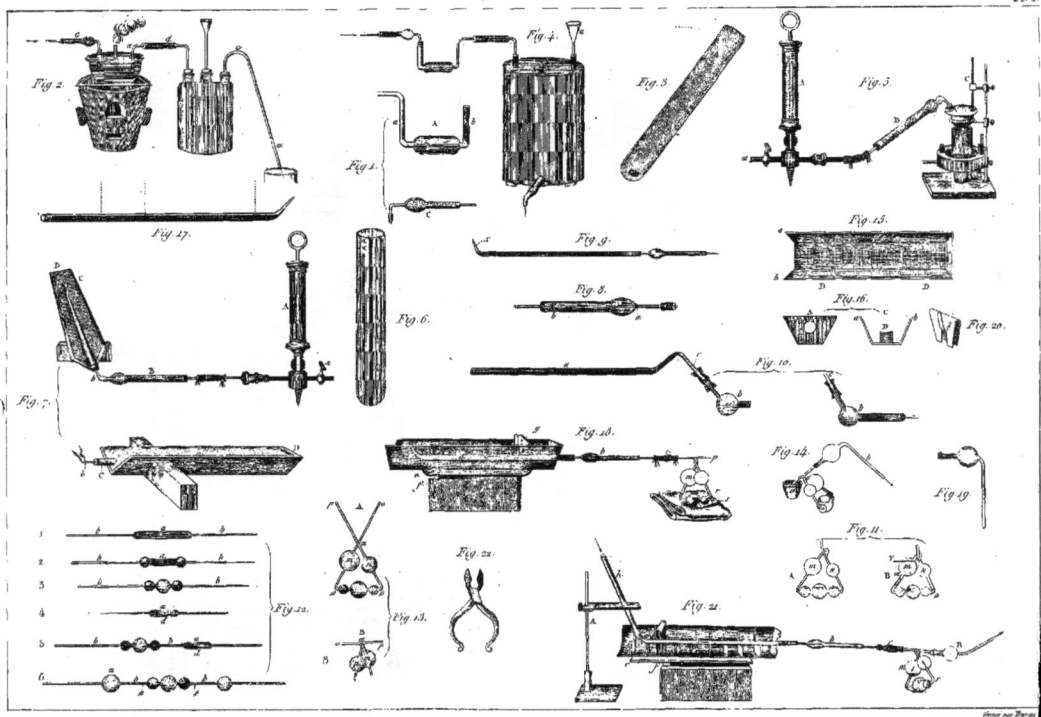

Fig. 2.

Fig. 1.

Fig. 4.

Fig. 3.

Fig. 5.

Fig. 17.

Fig. 7.

Fig. 6.

Fig. 9.

Fig. 8.

Fig. 15.

Fig. 16.

Fig. 20.

Fig. 10.

Fig. 18.

Fig. 14.

Fig. 19.

Fig. 11.

Fig. 12.

Fig. 13.

Fig. 22.

Fig. 21.

Pl. II.

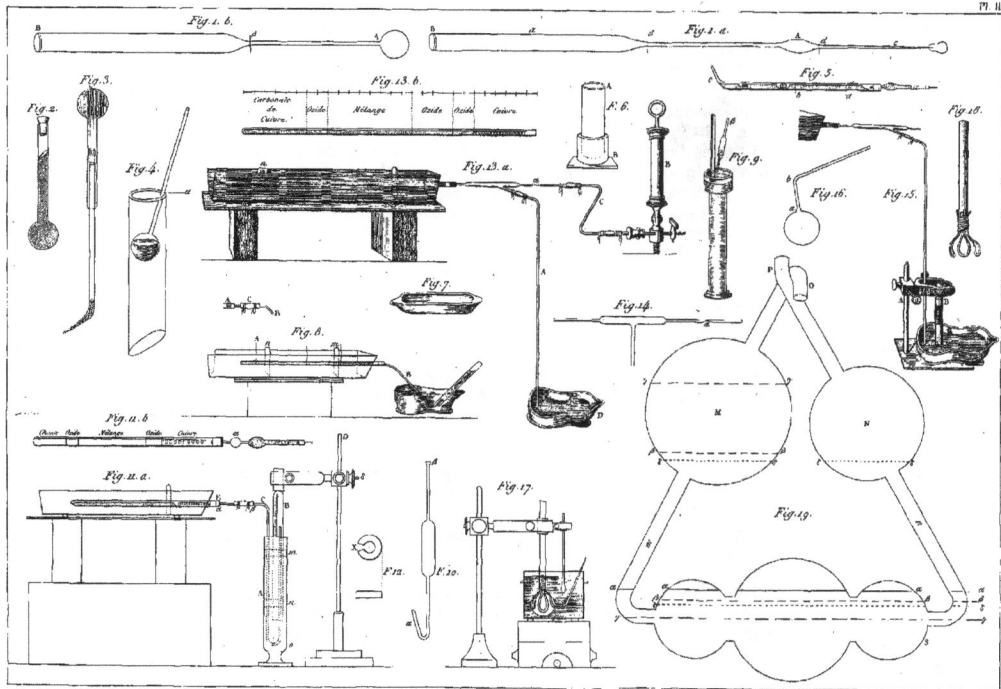

Fig. 1. b.

Fig. 1. a.

Fig. 3.

Fig. 13. b.

Fig. 2.

Carbonate de Cuivra.	Oxide	Mélange	Oxide	Oxide	Cuivra

Fig. 4.

Fig. 13. a.

Fig. 5.

F. 6.

Fig. 18.

Fig. 9.

Fig. 16.

Fig. 15.

Fig. 7.

Fig. 14.

Fig. 8.

Fig. 11. b.

Chaux	Acide	Mélange	Acide	Cuivre

Fig. 11. a.

Fig. 17.

M

N

Fig. 19.

F. 12.

F. 20.

LIBRAIRIE DE J.-B. BAILLIÈRE.

NOUVEAU SYSTÈME DE CHIMIE ORGANIQUE, fondé sur de nouvelles méthodes d'observation ; précédé d'un Traité complet sur l'art d'observer et de manipuler en grand et en petit, dans le laboratoire et sur le porte-objet du microscope, par F.-V. Raspail; *deuxième édition, entièrement refondue*, accompagnée d'un atlas in-4°, de 20 planches de figures, dessinées d'après nature et gravées avec le plus grand soin. Paris, 1838, 3 vol. in-8°, et atlas in-4. **30 fr.**

NOUVEAU SYSTÈME DE PHYSIOLOGIE VÉGÉTALE ET DE BOTANIQUE, fondé sur les méthodes d'observation développées dans le nouveau système de chimie organique, par F.-V. Raspail; accompagné de 60 planches, contenant près de 1000 figures d'analyse, dessinées d'après nature et gravées avec le plus grand soin. Paris, 1837. 2 forts vol. in-8°, et atlas de 60 planches. **30 fr.**

— Le même ouvrage, planches coloriées. **50 fr.**

TRAITÉ PRATIQUE D'ANALYSE CHIMIQUE, suivi de tables, servant, dans les analyses, à calculer la quantité d'une substance d'après celle qui a été trouvée d'une autre substance; par Henri Rose, professeur de chimie à l'Université de Berlin, traduit de l'allemand sur la seconde édition, par A.-J.-L. Jourdan. Paris, 1832, 2 forts vol. in 8°, fig. **16 fr.**

DES EAUX MINÉRALES ARTIFICIELLES et de leur mode de préparation, par M. Soubeiran, pharmacien en chef de la pharmacie centrale des hôpitaux, Paris, 1836, in-8. **1 fr. 50 c.**

DICTIONNAIRE DE L'INDUSTRIE MANUFACTURIÈRE, COMMERCIALE ET AGRICOLE, ouvrage accompagné d'un grand nombre de figures intercalées dans le texte, par MM. Baudrimont, Blanqui, Chevallier, Colladon, Coriolis, D'Arcet, P. Désormeaux, Despretz, Ferry, H. Gaultier de Claubry, Gourlier, T. Olivier, Parent-Duchatelet, Perdonnet, Sainte-Preuve, Soulange-Bodin, A. Trébuchet, etc., Paris, 1834-1838, 10 forts vol. in-8°, fig. Prix de chaque **8 fr.**

ÉLÉMENS DE GÉOGRAPHIE PHYSIQUE ET DE MÉTÉOROLOGIE, ou Résumé des notions acquises sur les grands phénomènes et les grandes lois de la nature, servant d'introduction à l'étude de la géologie; par H. Lecoq, professeur d'histoire naturelle à Clermond-Ferrand. Paris, 1836, 1 fort vol. in-8°, avec 4 planches gravées. **9 fr.**

ÉLÉMENS DE GÉOLOGIE ET D'HYDROGRAPHIE, ou Résumé des notions acquises sur les grandes lois de la nature, faisant suite et servant de complément aux élémens de géographie physique et de météorologie, par H. Lecoq. Paris, 1839, 2 forts volumes in-8', avec viii planches gravées. **15 fr.**

PHARMACOPÉE DE LONDRES, publiée par ordre du gouvernement, en latin et en français. Paris, 1837, in-18o. **4 fr.**

PRINCIPES ÉLÉMENTAIRES DE PHARMACEUTIQUE, ou Exposition du système des connaissances relatives à l'art du pharmacien; par P.-A. Cap, pharmacien, membre de la société de pharmacie de Paris. Paris, 1837. in-8. **6 fr. 50 c.**

Paris. — Imprimerie de Cosson, rue Saint-Germain-des-Prés, 9.